花生产业链高质化发展模式探索

——费县花生产业链高质化发展案例

◎李新国　王明清　等　著

U0349192

中国农业科学技术出版社

图书在版编目（CIP）数据

花生产业链高质化发展模式探索：费县花生产业链高质化发展案例 / 李新国等著 . -- 北京：中国农业科学技术出版社，2024.6. --ISBN 978-7-5116-6999-5

Ⅰ. F326.12

中国国家版本馆 CIP 数据核字第 2024RE0878 号

责任编辑	白姗姗
责任校对	李向荣
责任印制	姜义伟　王思文

出 版 者	中国农业科学技术出版社
	北京市中关村南大街 12 号　　邮编：100081
电　　话	（010）82106638（编辑室）　（010）82106624（发行部）
	（010）82109709（读者服务部）
网　　址	https://castp.caas.cn
经 销 者	各地新华书店
印 刷 者	北京建宏印刷有限公司
开　　本	148 mm×210 mm　1/32
印　　张	8.375
字　　数	201 千字
版　　次	2024 年 6 月第 1 版　2024 年 6 月第 1 次印刷
定　　价	80.00 元

《花生产业链高质化发展模式探索》

——费县花生产业链高质化发展案例

著者名单

主　著：李新国　　王明清

著　者：张佳蕾　　马德源　　张春艳

　　　　王建国　　刘　金　　郭　峰

　　　　杨　勇　　李全法　　贾凯华

　　　　刘译阳　　慈敦伟　　刘配莲

　　　　魏继光

序 言

    花生是我国三大油料作物之一，近年种植面积7 000多万亩，年产超过1 800万吨，总产居油料作物之首，在保障我国食用油脂安全中具有举足轻重的地位。

    山东是全国花生生产大省、出口大省和加工大省，种植面积1 000万亩左右，总产约占全国20%。费县是全国油料百强县，也是花生主产县。常年种植面积28万亩左右，约占全县耕地面积的25%，是费县第一大经济作物。全县花生平均亩产300千克，高于全国单产水平，年产量8.5万吨左右。但存在优质专用品种和创新性种植技术缺乏、生产成本高、组织化和产业化水平低、产业链短等短板。

    山东省农业科学院花生栽培与生理生态创新团队为加快科技创新力量，助推县域乡村产业振兴步伐，加快费县花生全产业链高质量发展，充分发挥现代农业技术创新的引领作用，组建花生链长工作室、花生高产栽培技术、花生种植制度等7个专家工作室，以产业链布局创新链，全面提升花生产业质量、效益和竞争力，将新品种、新栽培技术等带到田间地头，全面践行"给农业插上科技的翅膀""将论文写在大地上"，深入贯彻落实山东省农业科学院党委"三个突破"战略部署。

历时3年，费县良种覆盖率、机械化率提高了15%，新技术、新品种示范面积提高了20%，全县农产品品牌增加了20%，农产品经营收入增加10%以上。创建春花生高产攻关田12处，示范田3万亩，辐射田10万亩，累计示范推广花生提质增效技术62万亩，连续3年创费县花生最高产；共增收花生2697万千克，累计新增利润16182万元；培育种植合作社等新型农业经营主体8个，培训基层农技人员350余人次，种植大户和农民3600余人次；取得显著的经济效益和社会效益。

在执行过程中，国际欧亚科学院院士万书波研究员和山东省农业科学院张正研究员全程跟踪指导，付出了大量心血，在此向两位研究员致以崇高的敬意！在具体工作中，花生栽培与生理生态创新团队、山东省花生研究所和山东省农业机械科学研究院同仁全力支持和辛苦工作，在此表示衷心感谢。另外，还有山东省农业科学院和费县县委县政府、乡镇、街道等相关单位，以及相关企业的大力支持，一并表示感谢！

李永国 研究员

2023年12月28日

目 录

第一章

费县花生全产业链高质量发展规划方案

为深入贯彻落实山东省农业科学院党委"三个突破"战略部署,加快科技创新力量助推县域乡村产业振兴步伐,充分发挥现代农业技术创新的引领作用和龙头企业的带动作用,推进费县花生全产业链高质量发展,制订如下规划方案。

第一节　费县花生产业现状分析

一、产业基础与发展机遇

我国食用油年消费总量 3 400 多万吨,国产仅 1 100 万吨,自给率不足 32%,食用油供需矛盾十分突出。花生是我国重要的经济作物和油料作物,花生常年种植面积约 7 000 万亩[*],年总产约 1 800 万吨,在主要产油作物中,面积第三、总产量和单位面积产油量均居首位。

山东是全国花生生产大省、出口大省和加工大省,种植面积 1 000 万亩左右,主要分布于胶东丘陵、鲁中南山区和鲁西鲁北平原区。总产约占全国 20%,是我国最重要花生产区之一。

费县花生种植历史悠久,是全国油料百强县。常年种植面积 28 万亩左右,约占全县耕地面积的 25%,是费县第一大经济作物,主要分布于低山丘陵和山前平原。全县花生平均亩产

---

300 千克，高于全国 250 千克的单产水平，年产量 8.5 万吨左
右，种植业产值 5 亿元左右。费县最大花生加工企业——费
县中粮油脂工业有限公司，年加工能力 20 万吨，生产花生粕
10 万吨、高蛋白饲料 5 万吨，加工业产值 17 亿元左右。三产按
产值 3 亿元估算，费县花生产业综合产值 25 亿元左右，初步构
建了花生种植、加工、销售的全产业链。费县花生产业作为高
质高效的富民产业，在保障当地居民食用油供给、增加农民收
入等方面发挥了重要作用。

在国内市场植物油和蛋白质供给严重不足的背景下，发展
花生产业符合国家粮油安全战略和 2021 年中央一号文件提出
"多措并举发展油菜、花生等油料作物"的要求，利于调整种植
结构、保障有效供给、增加农民收入、促进农业生产良性发展。
提升花生全产业链质量与 2021 年农业农村部发布的《关于加快
农业全产业链培育发展的指导意见》相吻合。

二、费县花生产业链的短板

与全国平均水平相比，费县花生种植业具有一定的优势，
但产业链还存在成本高、效益偏低的问题。主要有以下几个方
面的原因。

一是优质专用品种缺乏。主导品种多为 20 世纪 80 年代的
当家品种海花一号、白沙 1016，农户自留种占 95% 以上，优
质专用品种缺乏，造成加工产品品质不高，从而影响企业效益
提升。

二是创新性种植技术缺乏。花生种植技术仍然采用20世纪80—90年代穴播多粒种植，每穴2~5粒种子，亩穴数少，用种量却很大；田间管理粗放、新技术普及程度低；种植制度单一，花生主要分布于低山丘陵（梁邱镇、石井镇、新庄镇和朱田镇等）和山前平原（马庄镇、胡阳镇、东蒙镇和薛庄镇等）。花生单作占主导地位，占总面积的85%，花生与麦、瓜、菜间作套种模式占15%左右。山前平原普遍为冬小麦—夏玉米一年两作，低山丘陵以花生连作为主，连作障碍明显、产量低。

三是生产成本高。多为一家一户小面积种植，田块分散、自种自收，田间作业使用机械难度大。花生生产全程机械化水平仅30%左右，人工成本占亩收入的50%以上；穴播多粒用种量大，种子投入成本高。

四是组织化、产业化水平低。缺乏龙头企业、合作社等主体的带动，没有建立以订单生产为主导模式的利益联结机制。加工龙头企业缺乏规模化的优质原料基地。

五是产业链短，消费群体针对性不强，缺乏多元化消费产品细分和精深加工。一家一户小面积种植以80%以上用于自给自足，主要是用于自榨花生，以满足家庭食用油需要；剩余的产量则以出售原料和初级加工品为主，精、深加工不足，缺少花生蛋白粉、磷脂、多酚等高端产品，鲜食花生产品开发不足。

这些问题贯穿花生生产的产前、产中、产后各个环节，涵盖技术问题、政府组织问题、政策问题和企业发展战略问题等各个方面，需要认真分析并提供系统解决方案。

第二节　山东省农业科学院具备推动费县花生产业高质量发展的科技优势

一、拥有国内一流的花生科技创新平台

山东省农业科学院建有国家花生工程技术研究中心、国家粮油加工技术研发分中心、农业部花生加工综合利用技术集成基地、农业部新食品资源加工重点实验室、山东省花生技术创新中心、山东省作物遗传改良与生态生理重点实验室、山东省农产品精深加工技术重点实验室，能够承担花生全产业链相关产品和技术的研发。

二、育种实力雄厚，品种储备丰富

山东省农业科学院先后培育出花育 25 号、花育 36 号等高油品种，花育 951、花育 917、花育 961 等高油酸品种，花育 22 号、花育 955 等食用型品种以及花育 9515 等鲜食品种，这些优质专用品种正在推动山东省乃至全国花生品种的升级换代和产业发展。

三、拥有公认的全国性花生栽培协同创新团队，并拥有国内领先的花生生产技术

研发出花生单粒精播技术、玉米花生宽幅间作技术、全程可控施肥技术等多项核心技术。团队获得了花生栽培领域全部4项国家科技进步奖，创建的花生单粒精播技术、玉米花生宽幅间作技术被山东省财政厅、农业农村厅列为2018年第二批粮油绿色高质高效创建项目。花生单粒精播技术、玉米花生宽幅间作技术均被遴选为农业农村部和山东省主推技术，全程可控施肥技术被遴选为山东省主推技术。

花生单粒精播技术可节种20%以上、荚果产量可提高10%以上，单粒精播高产攻关连续3年实收突破亩产750千克，创出实收亩产782.6千克的世界高产纪录，攻克了30多年来穴播双粒未达到750千克的技术难关。花生单粒精播技术在山东累计种植面积超过1 700万亩，节本增效增产效果显著。

玉米花生宽幅间作技术有助于缓解我国粮油争地、人畜争粮矛盾，实现种地养地结合及农业绿色高效发展。该技术模式2015年被国务院列为农业转方式、调结构技术措施，入选2020年中国农业农村重大新技术；2016年中国工程院农业学部组织院士专家对该模式进行了实地验收，亩产玉米517.7千克+花生191.7千克，提高土地利用率10%以上。

四、拥有花生种收全程机械化新技术与装备研发能力

依托农业部黄淮海产区花生全程机械化科研基地、工信部工业产品（农业机械和工程机械）质量控制和技术评价实验室、山东省农业装备产业技术创新综合院士工作站、山东省现代农业机械工程技术研究中心等科技创新平台，在花生精播、田间管理、分段收获、秧果分离等方面取得了单粒精播技术、膜上播种技术、种孔覆土技术、变量喷药技术、分层施肥技术、花生分段收获、秧果分离、残膜回收技术等一批突破性技术成果，研发了花生精量播种机、自走式花生喷药机、花生收获机、残膜回收机、秧果分离试验台等相关机具与试验台，完成了山东花生全程机械化生产技术装备集成与示范，推动了花生种收全程机械化技术进程。

五、花生加工创新技术发展迅速

依托国家粮油加工技术研发分中心、农业部花生加工综合利用技术集成基地、农业部新食品资源加工重点实验室、山东省农产品精深加工技术重点实验室等，在花生油脂、蛋白、功能成分提取等方面取得了高油酸花生油加工特性研究与营养评价技术、PUFA平衡功能油脂制备技术、花生微波调质与花生油适度压榨技术等一批突破性技术成果，支撑山东花生加工向纵深发展。

六、与全国花生科技协作紧密，可为费县花生产业发展引进研发先进技术成果

山东省农业科学院与中国农业科学院、中国农业大学、江南大学、山东农业大学、青岛农业大学、湖南农业大学、沈阳农业大学、广西壮族自治区农业科学院、河南省农业科学院等从事花生科技创新的高校、科研院所建立了密切稳定的花生科研协作关系，有实力组织协调省内外科技力量，围绕费县花生产业链"卡脖子"问题进行联合攻关，提升费县花生产业发展水平。

第三节　发展思路与目标

面向国家食用油产业重大需求，以费县花生产业发展现状为基础，加大政策扶持力度和金融支持力度，深化体制机制改革，营造良好发展环境，强化科技支撑，破解发展瓶颈，推动费县花生产业向规模化、标准化、绿色化、机械化、高端化、品牌化方向发展。

通过推广高油酸花生品种，建立优质专用花生良种基地，实现品种培优、品质提升；通过推广单粒精播技术、农机农艺结合提高机械化程度，实现降低用种和劳务成本；通过推广玉米花生宽幅间作技术，缓解粮油争地矛盾，实现花生种植规模

逐步扩大；通过研发制定全产业链标准，支持加工龙头企业建立标准化原料基地，发展订单生产，实现花生就地加工就地转化；通过与加工龙头企业合作建立花生制品研发中心，推进花生蛋白、活性肽、非淀粉多糖等深层营养成分综合提取利用，提高花生加工利用附加值，实现增值增效。经过3~5年努力，推进费县花生产业发展形成涵盖花生良种推广、标准化与机械化生产、高值加工、副产品综合利用、科研创新于一体的全产业链。

到2025年，农业全产业链标准体系更加健全，农业全产业链价值占县域生产总值的比重实现较大幅度提高，乡村产业链供应链现代化水平明显提升，现代农业产业体系基本形成。

第四节　重点任务

一、规模化、标准化生产

（一）优质专用品种筛选

高产优质高油酸花生品种1~2个，亩产潜力600千克以上，油酸含量75%以上；高油大花生品种2~3个，亩产潜力700千克以上，脂肪含量55%左右，含糖量5%以上；优质食用花生品种1~2个，亩产潜力400千克以上，含糖量6%左右，蛋白质含量28%以上；优质鲜食花生品种2~3个，亩产潜力 1 000 千克（鲜重）以上，含糖量 6% 左右，蛋白质含量 28% 以上，着力解决现阶段花生品种多、乱、杂，缺乏优质专用品种的问题。

培育花生种子加工企业 1～2 家，发展优质专用品种，研发种子无损伤脱壳精选、质量快速检测、功能包衣和安全储存等技术。

（二）助力花生专业合作社发展，推动订单生产

由费县中粮油脂工业有限公司牵头，采取党支部领办合作社的模式，按照区域化、专业化、规模化的标准，在低山丘陵（梁邱镇、石井镇、新庄镇和朱田镇等）和山前平原区域（马庄镇、胡阳镇、东蒙镇和薛庄镇等）以专业合作社为载体发展规模种植。山前平原集中发展高油酸和高油花生，为油料加工提供高品质原料；低山丘陵重点发展良种繁育基地、食用和鲜食花生品种，满足良种、食品加工原料和鲜食花生供应。按照"六个统一"（统一品种、统一技术模式、统一供肥、统一用药、统一收储、统一销售）的模式，发展订单农业，培育花生生产专业化服务组织；推进规模化、机械化种植，着力解决小农户自由、分散种植，机械化程度低，生产成本高，商品原料质量参差不齐的问题。

（三）新技术推广

通过合作社等组织，重点推广先进成熟的花生单粒精播技术、玉米花生宽幅间作技术、花生全程可控施肥技术、定向下种技术、病虫害绿色精准防控技术、鲜食玉米鲜食花生带状轮

作技术、水肥一体化膜下滴灌技术、种子生产加工技术、低山丘陵机械化播种与收获技术、小麦—玉米→花生两年三熟和小麦—玉米→小麦—花生一年两熟轮作技术等绿色高效生产技术，着力解决费县花生生产技术落后、种植效益低的问题。逐年扩大花生种植面积，在费县及周边形成规模化生产，实现花生种植新技术全覆盖。

（四）新技术规程研制

根据费县生态环境条件，研发制定费县花生良种繁育、种子加工、机械化播种、田间管理、机械化收获、储运等相关生产技术规程，形成费县花生标准化生产技术体系，实现花生生产的全程标准化。

（五）质量标准制定

分类研发并制定费县高油酸花生、高油大花生、食用花生、鲜食花生等优质专用品种种子质量、商品花生质量、加工产品（花生果、花生仁、花生油、花生酱等系列）质量等标准，形成费县花生全产业链产品质量控制体系。

二、花生产品开发与利用

（一）精深加工

培植壮大费县中粮油脂工业有限公司，带动发展山东省费县沂蒙小调特色食品有限公司、费县裕丰花生加工有限公司等相关花生食品加工企业3～5家，推动企业与山东省农业科学院、中国农业科学院、山东农业大学、青岛农业大学等高校和科研院所开展联合攻关，建立产品创新研发基地，创新加工工艺，深度开发花生果、花生仁、花生油、花生酱等产品配方，拓展花生酱、花生碎和鲜食花生等产品种类，提高产品附加值。

（二）花生副产物饲料化、肥料化综合利用

加强花生粕、花生秧饲用功能的开发利用。利用花生粕、花生壳等副产品生产生物肥料，培育山东百沃生物科技有限公司等科技型企业，推动生态循环绿色农业发展，实现花生全资源的循环利用、全值利用、梯次利用。

三、品牌打造

（一）打造"费县花生"区域公用品牌

根据费县良好的生态环境、历史文化因素、红色旅游资源，以费县花生标准化生产技术体系和全产业链产品质量控制体系为保障，以山地绿色生态为亮点，以《光绪费县志》为纲，讲好费县花生故事，整合全县资源，充分挖掘品牌价值，打造"费县花生"区域公用品牌。

（二）打造企业品牌

在"费县花生"区域公用品牌和中粮集团企业品牌基础上，

加强费县中粮油脂工业有限公司等企业从原料、工艺和消费群体上进行产品差异化包装和个性化设计，实施花生油精品名牌发展战略，树立中粮福临门"安全、营养、健康、美味"的品牌形象。

四、打造三产服务新模式

立足费县四通八达的交通和物流优势，依托费县政府建设的电子商务公共服务中心和镇、村电商服务站，以花生产品电子商务为主要形式，辐射带动发展农资供应、物流、文旅、商贸等服务。形成"政府引导、企业带动、科技支撑、农户参与、金融助力"的良好产业生态，促进一二三产业融合发展。

第五节　保障措施

一、成立费县花生全产业链高质量发展工作专班

由费县主要领导牵头，费县农业农村局、科技局、发展和改革局、财政局等部门组成费县花生全产业链高质量发展工作专班（简称工作专班），负责研究制定花生产业发展布局规划、支持政策，协调项目落实。

二、成立费县花生产业协会

以建立绿色、优质、规模化花生原料生产基地为目标，由费县中粮油脂工业有限公司牵头成立全县花生产业协会，科技、金融、农技推广等部门参加，吸纳农资、商贸、加工等企业，通过花生专业合作社将分散的农户组织起来，形成集规模化种植、社会化服务、订单式收购于一体的产供销体系，彻底解决花生优质原料稳定供给的问题。

三、设立花生产业发展基金

多措并举，筹措资金，设立费县花生产业发展专项基金，主要用于支持新品种、新技术的推广、合作社建设和社会化服务组织补贴、规模化基地农机具补贴和生产灾害保险、产业化成果中试、电商文旅创新创业项目孵化等。

四、出台支持花生产业发展的引资引智政策

制定人才引进、土地供应、金融信贷、税收优惠等政策，引进花生种业、加工、商贸、电商、文旅等领域的人才和资本，发展壮大费县花生产业，辐射带动周边地区，使费县成为鲁南花生产业聚集区。

第六节　专家工作室

为深入贯彻落实山东省农业科学院党委"三个突破"战略部署，全面推进"链长制"的落地实施，着力打造一支长期稳定、爱岗敬业、团结协作、奋发有为的专家团队，现就加快费县花生产业农科专家工作室的建设，进一步推进落实费县花生产业链规划，打造费县花生品牌，推动费县花生产业升级，制订本工作方案。

一、总体任务

开展花生科研与技术示范推广、学术交流、技术培训与指导等工作；承担市、县级农业技术骨干培训和指导，积极参与本地区新型职业农民培育工作，促进当地农技人员能力的提升；发挥专家的示范和辐射作用，通过建立基地或示范区（片），推广新技术、新装备、新模式、新成果，推动费县花生产业高质量发展。

二、岗位设置

组建花生链长工作室、花生高产栽培技术、花生种植制度、花生加工、花生绿色投入品、花生优良品种推广和花生机械化生产 7 个专家工作室，每个专家工作室设置岗位专家 1 名，技术骨干若干名。岗位专家由山东省农业科学院及相关公司专家担任，主持工作室全面工作；技术骨干主要以基层农技推广人员、农业科技企业技术骨干、农民专业合作社骨干、家庭农场主、新型职业农民等为主体。

三、岗位职责和工作目标

（一）花生产业链链长工作室

围绕费县产业链部署创新链的全产业链模式，依托创新链组建创新团队，依托创新团队落实产研项目，依托项目实施全链条增值，依托产业链增值带动费县产业发展，促进乡村振兴。

（二）花生高产栽培技术专家工作室

推广先进成熟的花生单粒精播技术、花生全程可控施肥技术、定向下种技术、病虫害绿色精准防控技术、水肥一体化技术、低山丘陵机械化播种与收获技术，着力推动费县花生生产技术更新、种植效益不高的问题。实现花生高产突破 700 千克 / 亩，创建百亩方高产试验田，制定费县花生高效生产等规程。推动花生种植面积扩大，实现花生种植新技术全覆盖。

（三）花生种植制度专家工作室

推广新型农业种植制度，带动费县农业种植结构调整。重

第一章　费县花生全产业链高质量发展规划方案

点推广玉米花生宽幅间作技术、小麦—玉米→花生两年三熟和小麦—玉米→小麦—花生一年两熟轮作技术等绿色高效生产技术。玉米花生间作下，玉米亩产 500 千克，花生 400 千克，制定费县花生种植模式等规程，亩增效益 500 元以上。

（四）花生加工专家工作室

推动费县中粮油脂工业有限公司等企业与山东省农业科学院、中国农业科学院、山东农业大学、青岛农业大学等高校和科研院所开展联合攻关，建立产品创新研发基地，创新加工工艺，深度开发花生果、花生仁、花生油、花生酱等产品配方，拓展花生酱、花生碎和鲜食花生等产品种类，提高产品附加值。制定花生原料品质控制等规程。

（五）花生绿色投入品专家工作室

加强花生粕、花生秧饲用功能的开发，利用花生粕、花生壳等副产品生产生物肥料，推动花生综合循环利用。制定花生专用肥加工等规程，推动生态循环绿色农业发展，降低化肥投入 15% 以上。

（六）花生优良品种推广专家工作室

引进花生高产优质品种进行品种适应性筛选，重点筛选高产优质高油酸、高油大花生、优质食用花生品种、优质鲜食花生品种等，并进行示范推广，着力解决费县花生品种多、乱、杂，缺乏优质专用品种的问题。制定花生高产优质品种筛选等规程，引进高产优质高油酸花生品种亩产潜力 600 千克以上，油酸含量 75% 以上；高油大花生品种亩产潜力 700 千克以上，脂肪含量 55% 左右；优质食用花生品种亩产潜力 400 千克以上，含糖量 6% 左右，蛋白质含量 28% 以上，着力解决现阶段花生品种多、乱、杂，缺乏优质专用品种的问题。带动费县花生种子产业化发展。

（七）花生机械化生产专家工作室

推进规模化、机械化种植，着力解决小农户自由、分散种植，机械化程度低，生产成本高，商品原料质量参差不齐的问题。制定花生机械化播种、收获及管理等规程，推广低山丘陵机械化播种与收获技术，提高播种收获与田间管理全程机械化水平，推动费县花生全程机械化生产技术装备的集成与示范，推进花生种收全程机械化技术进程。降低人工成本 10% 以上。

四、有关要求

（一）任职条件

坚持党的路线方针政策，爱岗敬业，遵纪守法，品行端正；应具有高级专业技术职称，社会影响力较大、行业认可度高，拥有较高学术威望和丰富实践经验、熟悉"三农"工作，协调能力强；所在创新团队积极支持，有良好的科研平台，能组建一支较强的科研推广团队。

（二）组织监督

农科专家工作室需有固定的办公地点，确定联系人，按照院相关管理办法举行挂牌启动仪式。工作室由花生产业链链长负责日常管理，产业链链长要高度重视此项工作，切实加强领导和指导，督促专家工作室及时完成任务目标，多出成果、多培育人才。

（三）任务考核

农科专家工作室应制定内部管理制度，强化对成员的动态监督和管理。对不再从事本专业工作或不能胜任工作的，须及时向花生产业链链长报告并向农作物种质资源所备案。

（四）经费保障

岗位专家所在团队应根据院党委"三个突破"战略相关规定，优先保证岗位专家开展工作的经费需要：建立试验示范基地、开展技术培训、举办交流（培训）会、外出观摩（考察）、技术成果鉴定（评审）以及资料费、临时人员少量劳务费等。前期通过课题项目保障基本运作，推动当地政府与企业配套，深入开展产业链的相关工作，进一步深化多方合作，通过联合申请省级与国家项目，共同推动产业链的质量提升，打造费县花生品牌。

第二章

推广模式探索与应用

第一节　费县政府项目推动

为全面贯彻党中央关于粮食安全的决策部署，扛稳扛牢粮食安全的责任，不断加大全镇粮油主产区域的土地耕地地力、良种提升和灌排基础设施建设，提高粮油绿色高质高效生产能力和综合生产经济效益，费县县委县政府立项了《东蒙镇2022年优质粮油高效栽培示范区建设项目》。

一、总体思路

以习近平新时代中国特色社会主义思想为指导，全面贯彻新发展理念，落实高质量发展要求，围绕粮油产业链"延链补链强链"，以建设规模化种植基地为核心，系统开展粮油高效种植管理关键技术研究，以有机肥替代、水肥一体化、病虫害绿色防控技术、先进机械和现代化节水、节肥、节药新机具、新设备集成应用为重点，加大力度推进整地、播种、管理、收获等全程机械化，调整优化粮油种植结构，积极推进土地适度规模经营，大力推行全程社会化服务，加快"农业单元"建设，探索建立规模化、集约化、标准化、全程机械化等优质粮油高产创建工作模式，加快实现粮油生产良种化、标准化、绿色化、机械化和服务社会化"五化"目标，示范带动全镇粮油生产步入绿色高质高效发展新阶段，全面提升东蒙镇粮食农业综合生产能力。全面打造花生绿色、高效、生态化种植的可视化"场景",打造乡村振兴"齐鲁样板"。

二、建设内容及目标

(一)主要作物

小麦(水稻)、花生。

(二)规模地点

东蒙镇,面积共 310 亩。

(三)种植模式

花生小麦(水稻)轮作。

(四)建设内容

基础设施改造提升,农作物良种推广、水肥一体化及病虫害绿色防控设备、耕地质量提升、农药地膜等物化投入,社会化服务购买。

1. 基础设施改造提升

重点为农田水电等基础设施配套建设,为粮油轮作示范种植打好基础。

2. 耕地质量提升

产前产后对示范区土壤进行检测,利用有机肥替代化肥,减少化学肥料的施用量,合理利用配方肥,改善土壤团粒结构,稳步提升土壤有机质的含量，示范带动全县粮油种植区域的耕地质量提升。

3.水肥一体化技术应用

采用滴灌模式，推广使用水溶肥等新型肥料。生长苗期和中后期追肥2~3次，解决花生苗期缺水缺肥、生长后期干旱脱肥等问题。

4.绿色防控技术集成

综合集成运用生态调控、理化诱控、生物防治、科学用药等病虫害绿色防控技术，培育壮苗，增强作物抗病虫害能力，减少化学农药使用量，确保农产品质量安全及丰产丰收。

5.社会化服务集成示范

开展良种良法良机配套、农机农艺技术融合集成。充分发挥社会化服务组织的低成本、高效率、高质量的作业优势，推广应用花生施肥起垄、单粒精播、覆膜滴灌带一体铺设、病虫害综合防治等先进技术，适期播种，打好播种基础，发挥技术协同效应，总结高产技术模式，力争攻关区平均单产高于本县该作物平均单产20%，实现节本20%以上。

（五）标准化种植模式展示

示范区以标准化种植呈现，从路渠沟及种植行，采用合理规划。

1.展示示范和配套技术推广

设立小标识牌，简明扼要标识示范品种名称、特征特性、适宜推广范围、重点配套栽培技术等，调查、记载展示品种特性，并统计产量。在主要农时季节组织现场观摩培训，引导农民和新型农业经营主体正确选种、科学用种。

2. 集成推广"全环节"绿色高质高效标准化生产技术

围绕耕、种、管、收各环节，普及粮油优良品种，因地制宜推广单粒精播、机械深耕深松、测土配方施肥、有机肥替代化肥、水肥一体化、病虫害绿色防控等成熟粮油绿色高质高效技术。化学农药使用量比非示范区减少5%以上。增施有机肥，化肥使用量较非示范区减少10%以上。促进节水、节肥、节药，新机具、新设备推广应用。

3. 支持"全过程"社会化服务体系发挥积极作用

在示范区内引进社会化服务组织，提供统一耕地播种、统一水肥管理、统一病虫防控、统一技术指导、统一机械收获"五统一"社会化服务，提高作业效率和整体作业质量。示范区内社会化服务覆盖率达到100%。

4. 打造"全链条"产业融合模式

以农业科研院所和农业技术部门为科技支撑，联系县域内农业龙头企业和粮油收储、种子加工企业，与种粮大户、合作社等农业新型经营主体，以示范区为平台，通过订单种植，大力推行"企业＋示范区＋农户（合作社）"等利益共享、风险共担的经营模式，推进产销衔接，形成东蒙镇优质粮油生产标准，打造优质粮油东蒙镇品牌。

（六）辐射带动

单一作物集中连片种植，创建辐射区面积1万亩以上粮油种植辐射区。示范区内的应用技术尽可能向周边区域辐射推广应用。

三、技术路线

（一）提倡良种良法良机配套，强化技术集成推广应用

在种植方面，提倡花生单粒精播、种肥同播技术等规范化播种技术；在施肥方面，积极推广测土配方施肥、有机肥替代、水肥一体化等先进农业技术；在病虫害防治方面，推广应用生态调控、理化诱控、生物防控和科学用药等绿色防控技术。

（二）开展重点技术宣传培训，强化农业科技支撑作用

邀请相关专家开展技术培训 3 次以上，培训人员 300 余人；技术人员要深入田间地头开展各类技术指导 100 人次以上；在作物生长关键时期，开展现场观摩活动 2 次以上，引导农户多方位、多角度掌握粮油绿色、优质、高效生产新技术。通过建设有基地、有示范、有技术、有服务的高产示范项目区，让种粮农民认识到农机农艺深度融合、良种良法高度配套、优质高效同步实现、生产生态协调发展的重要性，推动绿色综合配套技术推广应用，提升全镇粮油综合生产能力。

（三）开展全程全链条作业服务，提升社会化服务水平

通过购买农业社会化服务组织的服务，参与到粮油生产的耕地、播种、病虫害防控、覆膜、收获、销售全过程，利于提高农业机械化水平，促进新技术应用，不但能够缓解劳动力供

第二章　推广模式探索与应用

需矛盾，同时，还能提高工作效率、节省投入，从而提高农业收益，实现节本增效。

四、保障措施

（一）加强组织领导，促进沟通协调

成立以镇长任主要领导组长，分管领导任副组长，镇农技站、农安办、水利站、经管站主要负责人为成员的领导小组。领导小组具体负责项目实施方案的核定和资金落实、项目检查验收等工作。领导小组办公室设在农技站办公室，具体负责项目调度、会议召集、项目进度总结报告、协调有关单位开展日常工作。镇成立以农业分管领导任组长，镇农技站站长、农安办主任为成员的技术指导小组，负责项目的具体实施和培训宣传、技术指导服务等工作。

（二）强化舆论宣传

充分利用各种宣传工具，多渠道多方位宣传项目实施目的意义，报送相关动态信息。及时总结项目实施中的典型模式和成功经验，总结粮油绿色攻关技术模式，大力推广高产高效集成技术，大力宣传粮油绿色增产模式，切实加快现代农业发展。

（三）层层落实工作责任制

一是推行行政首长项目负责制。项目管理、组织协调实行

行政首长负责制。项目镇分管镇长为第二行政负责人，负责项目镇工作的执行落实等具体工作。二是推行专家技术负责制。专家组全面负责项目的技术指导工作，遴选主导品种和主推技术，编制技术操作规程和技术明白纸，研究解决有关技术方面的问题，深入开展技术指导工作，分组负责项目镇的技术指导工作。三是推行技术人员包片责任制。技术人员在专家组和技术指导单位的领导和指导下开展工作，明确指导的职责、技术内容和要求，包片负责具体工作落实。

（四）加强项目资金管理

严格按照上级的相关规定使用项目资金，建立相关管理制度，实行专户管理，规范资金使用方向，细化支出范围，明确补助资金严禁用于工资、办公经费、基础性农业科研、购买农业科技成果和专利以及与技术推广服务无关的其他支出，确保专款专用。

第二节　三田合一打造示范田

为深入推进费县花生产业链的工作，将群众的油瓶子装满，与《东蒙镇 2022 年优质粮油高效栽培示范区建设项目》紧密结合，费县制定《费县花生产业链三田合一高产高效栽培展示区建设方案》，将试验田、示范田、生产田建立在花生主产乡镇，将高产高效生产技术一边试验、一边示范、一边生产，及时将创新技术熟化、转化，成为种植户耳熟能详、熟练应用的技术，切切实实与生产结合起来，实现从研发到生产的一条龙式技术推广应用。

一、建设内容及目标

（一）三田建设内容与目标

1. 高产攻关及品种筛选试验田

（1）花生单粒精播高产攻关田 5 亩。花生单粒精播技术，即单粒穴播，80 厘米垄距，株距 10 厘米，行距 30 厘米；亩株数 16 600 株，荚果亩产量目标 800 千克。

（2）玉米花生宽幅间作高产攻关田 5 亩。种植模式是 2∶4，即两行玉米、四行花生。其中，花生播种采用单粒精播技术；玉米采用密植，亩株数 4 000 株以上。亩产量目标为玉米 600 千克＋花生 400 千克荚果。

（3）品种对比试验田 4 亩。40 个品种，每个品种 1 分地（即 67 米^2）。筛选出适合费县本地种植的高产、高油酸及特色花生品种，荚果平均亩产量 500 千克以上。

2. 高产示范田

花生单粒精播高产示范田和花生带状轮作复合种植高产示范田共计 150 亩，其中单粒精播示范田荚果亩产量 600 千克以上；花生带状轮作复合种植高产示范田玉米 600 千克＋花生

300 千克荚果。

3. 生产田

花生单粒精播高产生产田和花生带状轮作高产生产田共计1 000 亩，其中单粒精播示范田荚果亩产量450 千克以上；花生带状轮作高产示范田玉米550 千克＋花生200 千克荚果。

（二）规模地点

费县东蒙镇共实施310 亩，其中，东蒙镇西武家汇村南（实施主体：费县汇兴果树种植农民专业合作社）面积160 亩（图2-1）。东蒙镇中武家汇村北（实施主体：临沂繁盛农业种植专业合作社）面积150 亩（图2-2）。

图 2-1　东蒙镇西武家汇村南

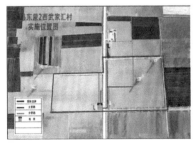

图 2-2　东蒙镇中武家汇村北

（三）种植模式

花生单粒精播、花生带状轮作复合种植。

（四）建设内容

高产创建、农作物良种推广、水肥一体化及病虫害绿色防控设备、耕地质量提升、农药地膜等物化投入。

1. 耕地质量提升

产前产后对示范区土壤检测，通过有机肥替代化肥，减少化学肥料的施用量，合理利用配方肥，改善土壤团粒结构，稳步提升土壤有机质的含量，示范带动花生种植区域的耕地质量提升。

2. 水肥一体化技术应用

采用滴灌模式，推广使用水溶肥等新型肥料。生长中后期追肥 2 次，解决花生生长后期干旱脱肥等问题。

3. 绿色防控技术集成

综合集成运用生态调控、理化诱控、生物防治、科学用药等病虫害绿色防控技术，培育壮苗，增强作物抗病虫害能力，减少化学农药使用量，确保农产品质量安全及丰产丰收。

4. 社会化服务集成示范

开展良种良法良机配套、农机农艺技术融合集成。充分发挥社会化服务组织的低成本、高效率、高质量的作业优势，推广应用花生施肥起垄、单粒精播、覆膜滴灌带一体铺设、病虫害综合防治等先进技术，适期播种，打好播种基础，发挥技术协同效应，总结高产技术模式，力争攻关区平均单产高于本镇该作物平均单产 20%，实现节本 20% 以上。

（五）标准化种植模式展示

示范区以标准化种植呈现，从路渠沟及种植行，采用合理规划。

1. 展示示范和配套技术推广

设立小标识牌，简明扼要标识示范品种名称、特征特性、适宜推广范围、重点配套栽培技术等，调查、记载展示品种特性，并统计产量。在主要农时季节组织现场观摩培训，引导农民和新型农业经营主体正确选种、科学用种。

2. 集成推广"全环节"绿色高质高效标准化生产技术

围绕耕、种、管、收各环节，普及花生优良品种，因地制宜推广单粒精播、机械深耕深松、测土配方施肥、有机肥替代化肥、水肥一体化、病虫害绿色防控等成熟花生绿色高质高效技术。化学农药使用量比非示范区减少 5% 以上。增施有机肥，化肥使用量较非示范区减少 10% 以上。促进节水、节肥、节药，新机具、新设备推广应用。

3. 支持"全过程"社会化服务体系发挥积极作用

在示范区内引进社会化服务组织，提供统一耕地播种、统一水肥管理、统一病虫防控、统一技术指导、统一机械收获"五统一"社会化服务，提高作业效率和整体作业质量。示范区内社会化服务覆盖率达到 100%。

4. 打造"全链条"产业融合模式

以农业科研院所和农业技术部门为科技支撑，联系县域内农业龙头企业和花生收储、种子加工企业，与种粮大户、合作社等农业新型经营主体，以示范区为平台，通过订单种植，大力推行"企业＋示范区＋农户（合作社）"等利益共享、风险共担的经营模式，推进产销衔接，形成优质花生生产标准，打造优质花生费县品牌。

（六）辐射带动

单一作物集中连片种植，创建辐射区面积 1 000 亩以上粮油种植辐射区。示范区内的应用技术尽可能向周边区域辐射推广应用。

二、技术路线

（一）提倡良种良法良机配套，强化技术集成推广应用

在种植方面，提倡花生单粒精播、种肥同播技术等规范化播种技术；在施肥方面，积极推广测土配方施肥、有机肥替代、水肥一体化等先进农业技术；在病虫害防治方面，推广应用生态调控、理化诱控、生物防控和科学用药等绿色防控技术。

（二）开展重点技术宣传培训，强化农业科技支撑作用

邀请相关专家开展技术培训 3 次以上，培训人员 150 余人；技术人员要深入田间地头开展各类技术指导 60 人次以上；在生长关键时期，开展现场观摩活动 2 次以上，引导农户多方位、多角度掌握花生绿色、优质、高效生产新技术。通过建设有基

地、有示范、有技术、有服务的高产示范项目区，让种粮农民认识到农机农艺深度融合、良种良法高度配套、优质高效同步实现、生产生态协调发展的重要性，推动绿色综合配套技术推广应用，提升花生综合生产能力。

（三）开展全程全链条作业服务，提升社会化服务水平

通过购买农业社会化服务组织的服务，参与到粮油生产的耕地、播种、病虫害防控、覆膜、收获、销售全过程，利于提高农业机械化水平，促进新技术应用，不但能够缓解劳动力供需矛盾，同时，还能提高工作效率，节省投入，从而提高农业收益，实现节本增效。

三、实施进度

（一）项目筹备阶段（2022年4月）

落实地块，制定实施方案及技术指导方案、编印技术资料等。

（二）项目实施阶段（2022年5—10月）

5—6月，指导花生项目区建设，做好花生的适墒播种，推广花生单粒精播、种肥同播，做好查苗补苗，抓好苗期管理。7—9月，抓好花生田间管理，优化促控结合，做好前控后促，避免花生徒长和早衰，搭建合理丰产群体结构，注重病虫害的调查监测及综合防控。9—10月，开展花生的测产验收，形成花

生高产绿色创建技术模式。

（三）项目总结阶段（2022 年 12 月）

针对三田合一工作进行系统性总结，总结典型模式和成功经验、查漏补缺，完善三田合一工作体系。

四、保障措施

（一）加强组织领导，促进沟通协调

费县花生产业链、"三个突破"费县指挥部和当地政府协同，共同推动工作的落实与执行。

（二）强化舆论宣传

充分利用各种宣传工具，多渠道多方位宣传、培训高新生产技术。及时总结项目实施中的成功经验，总结花生攻关技术模式，大力推广高产高效集成技术，大力宣传花生绿色增产模式，切实推动现代农业发展。

（三）层层落实专家工作室责任

各工作室专家负责技术指导工作，遴选主导品种和主推技术，编制技术操作规程和技术明白纸，研究解决有关技术方面的问题，深入开展技术指导工作。技术人员在专家组和技术指导单位的领导及指导下开展工作，明确指导的职责、技术内容

和要求，负责具体工作落实。

五、预期效益分析

（一）经济效益

通过优质花生高效栽培示范区建设项目实施，示范带动费县花生规范化种植，通过粮油良种良法良机配套，病虫害绿色防控技术、水肥一体化技术应用，实现耕地地力有效提升，土壤有机质含量在原来的基础上提高 0.1%。示范区节水 25%～40%，节肥 20%～30%，肥料利用率提高 10 个百分点以上，项目区化学农药使用量减少 8%～10%，农作物病虫为害率降低 10%～20%，灌溉水利用率达到 90% 以上，增产 15% 以上。

（二）社会效益

通过项目的示范带动作用，社会化服务组织服务水平大力提升。周边种植户大量应用规范化种植，花生产业将极大提高费县农民种植粮油的热情，并对花生产业规模化经营起到示范引领作用，从而推动费县农业结构调整等。

（三）生态效益

通过优质花生高效栽培示范区建设项目实施，化学肥料、化学农药使用量明显减少，农业生态环境进一步改善，空气质量好，水质无污染，生态效益明显。

第三章

品种更新

　　费县是典型的山区农业大县，土壤条件、气候条件适宜花生生产。费县花生种植面积约为 28 万亩，12 个乡镇都有花生种植，主栽的花生品种包括海花 1 号、白沙 1016、丰花 1 号、鲁花 8 号、花育 25 号、花育 36 号等，其中海花 1 号占比较大。由于该县高产优质花生新品种推广速度较慢，缺少优质专用型主导品种及花生繁育基地，高蛋白、高油脂品种较少，管理粗放等，从而严重影响花生产量和效益的提高，制约了花生产业的进一步提升。

　　花生生产成本偏高，用种量大，由于一次性换种成本过高，农民难以购买新品种，大部分农民还保留传统的自留种子或串换种子的习惯，一些种植退化的老牌品种仍占很大种植面积，既影响单产的提高，又影响花生品质的提升及新品种的推广。例如，白沙 1016 从 20 世纪 80 年代就开始在费县推广，该品种退化严重，壳厚，籽粒饱满度差，空壳率高，品质较差，已严重制约了费县花生产量的提高和品质的改善。因此，亟须引进高产优质花生新品种和高价值品种。

第二节　山东花生主栽品种及新品种介绍

一、山东花生主栽品种介绍

1. 海花 1 号

品种来源山东省海阳市黑崮村农科队，1977 年由临花 1 号 × 白沙 171 杂交组合的选系 71/2-1 选育而成。株型直立，疏枝。属连续开花亚种中间型。株高 40.0 厘米，侧枝长 45.0 厘米。结果枝 8 条，总分枝 8 条。果大，扁葫芦形。籽仁扁椭圆形，种皮浅红色，无光泽。单株结果数 18 个，单株生产力 26.1 克。千克果数 671 个，千克仁数 1 358 粒。百果重 200 克，百仁重 90.0 克，出仁率 74.5%。生育期中长，属中熟种。在山东莱西地区生育期 145～150 天。植株较矮，光合效率高，耐水肥，抗倒伏，最适于覆膜高产栽培。

2. 白沙 1016

白沙 1016 属早熟珍珠豆型品种。整个生育期春播 115 天左右，夏播 90 天左右。株高 30 厘米左右，有 8 个分枝。出苗整齐，幼苗叶片竖直且颜色淡绿，叶椭圆形，茎秆短而粗壮，果柄有韧性，花期较早，落果率低。果粒饱满，为茧形，双仁果多，百果重 150 克，出仁率 70% 左右，种皮淡红色，含油率可达 50%。抗旱抗病，喜肥，最高亩产可达 280 千克以上。

3. 丰花 1 号

丰花 1 号是山东农业大学万勇善教授培育的。以蓬莱一窝猴为母本、海花 1 号为父本杂交，F_1 种子经 ^{60}Co-γ 射线 2 万伦琴辐射选育而成。2001 年通过山东省农作物品种审定委员会审定，审定号为鲁农审字〔2001〕017 号。2002 年获国家新品种后补助，列入"十五"国家科技攻关计划项目，以及国家科技成果重点推广计划。该品种属连续开花型，疏枝，单株分枝 9 条，主茎高 46 厘米，侧枝长 48 厘米，株型直立紧凑。叶片倒卵形，叶形较小，叶色深绿。叶片较厚，厚度 255.6 微米。荚果普通型，果壳网纹明显，果腰中浅，果嘴明显。果大，百果重 240 克。籽仁椭圆形，种皮粉红色，内种皮橘黄色。种子休眠期长，收获期不发芽。适宜在黄淮海地区及长江流域大花生区推广。适宜高肥地、丘陵旱地、瘠薄地、微碱地栽培。适宜春播和夏直播盖膜、麦田套种等多种种植方式。尤其适合高产栽培。已被多个省份引种，表现良好。具有很好的推广应用前景。

4. 鲁花 8 号

鲁花 8 号是山东省花生研究所研制的花生品种，以伏花生为母本、招远半蔓为父本杂交育成。别名或代号为 7803。1988 年通过审定，审定号为鲁种审字第 0082 号。株型直立，疏枝，属连续开花亚种中间型。株高 39.0 厘米，侧枝长 42.0 厘米。结果枝 7 条，总分枝 8 条。荚果普通型，籽仁椭圆形，种皮粉红略带黄色。百果重 243.4 克，百仁重 95.83 克。出仁率 74.4%。粗脂肪含量 52.66%。生育期较短，属早熟种。在山东莱西地区春播生育期 128 天左右。出苗快而齐，结果集中，荚果饱满，丰产性好。抗旱耐瘠，适应性广。在 1986—1987 年山东春播早熟组花生新品种区域试验中，两年 28 次平均荚果产量 271.6 千克 / 亩，籽仁 209.5 千克 / 亩，较对照花 28 分别增产 12.37%、14.23%。在 1987 年生产试验中，平均荚果产量 302.4 千克 / 亩，籽仁 235 千克 / 亩，比对照花 28 分别增产 17.5%、24.89%。20 世纪 80 年代初曾在鲁西南大面积种植，后因网斑病为害等原因，影响了面积的进一步扩大。春播种植密度 1.0 万穴 / 亩；夏播或麦套种植密度以 1.0 万～1.2 万穴 / 亩为宜，每穴 2 粒。生育中后期注意防治网斑病。全国花生产区均适宜栽培。

5. 花育 25 号

花育 25 号是山东省花生研究所陈静研究员研制的花生品种，2019 年通过国家登记。荚果普通型，籽仁粉红色，无裂纹。山东春播生育期 130 天。主茎高 46.5 厘米，分枝数 9 条，百果重 239 克，百仁重 98 克，出米率 73.5%。籽仁脂肪含量 48.60%，蛋白质含量 25.20%，油酸含量 41.8%，亚油酸含量 38.2%，O/L 值 1.09。荚果比对照鲁花 11 号增产 10.9%，籽仁比对照鲁花 11 号增产 12.2%。出米率和单株生产力，比对照鲁花 11 号增加 1.30% 和 5.85%（图 3-1）。

6. 花育 36 号

花育 36 号是山东省花生研究所陈静研究员研制的花生品种，2019 年通过国家登记。荚果普通型，籽仁粉红色，无裂纹。山东春播生育期 127 天。主茎高 49.8 厘米，分枝数 9 条，百果重 270 克，百仁重 108 克，出米率 74.18%。籽仁脂肪含量 51.14%，蛋白质含量 26.08%，油酸含量 43.10%，亚油酸含

量 35.50%，O/L 值 1.21。荚果比鲁花 11 号、丰花 1 号、花育
19 号分别增产 7.35%、8.50%、4.12%，籽仁比鲁花 11 号、丰
花 1 号、花育 19 号增产 8.84%、9.00%、6.19%（图 3-2）。

图 3-1　花育 25 号

图 3-2　花育 36 号

7. 花育 22 号

花育 22 号是山东省花生研究所陈静研究员研制的花生品种，2019 年通过国家登记，是山东传统出口大花生新品种。荚果普通型，网纹粗浅，籽仁椭圆形，种皮粉红色，内种皮金黄色。百果重 245.9 克，百仁重 100.7 克，出米率 71.0%。籽仁脂肪含量 49.2%，蛋白质含量 24.3%，O/L 值 1.71。荚果比对照鲁花 11 号增产 7.6%、8.8%，籽仁比对照鲁花 11 号增产 4.9%、7.5%。适用于我国北方花生产区，适用于出口、烤果等（图 3-3）。

图 3-3　花育 22 号

二、山东花生新品种介绍

1. 高油酸花生新品种——花育 917

花育 917 是山东省花生研究所迟晓元研究员研制的花生

品种。花育917在2016年安徽省品种鉴定（皖品鉴登字第1505032）；2019年通过非主要农作物品种登记［GPD花生（2018）370401］。籽仁粗脂肪含量55.8%，粗蛋白含量20.3%，油酸含量77.7%，亚油酸含量6.62%，O/L值11.7。种子休眠性中等，抗旱性中等，耐涝性中等。连续3年，在辽宁、吉林、江苏、河北、山东、安徽等地开展了展示试验，单粒精播花育917的产量比双粒播种对照品种增产6.35%～41.72%。2020年在山东平度进行了测产验收，花育917高产示范田每亩株数5 670株，亩产645.3千克（图3-4）。

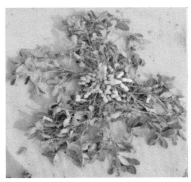

图3-4 花育917

第三章　品种更新

2. 出口型高油酸大花生品种——花育 910

花育 910 是山东省花生研究所迟晓元研究员研制的花生品种。2020 年通过非主要农作物品种登记［GPD 花生（2020）370054］。以 F_{20} 为母本，河北高油为父本，杂交选育而成。生育期 130 天。荚果普通型，种仁椭圆形，种皮粉红色。百果重282 克，百仁重 112 克。籽仁粗脂肪含量 54.05%，粗蛋白含量26.49%。油酸含量 80.76%，亚油酸含量 5.05%，O/L 值 15.96。抗旱性强，抗涝性强，抗倒性强，种子休眠性中。是一个出口型的高油酸大花生品种。适合加工花生芽菜。2021 年在山东平度进行了测产验收，花育 910 高产示范田亩产为 669.20 千克（图 3-5）。

图 3-5　花育 910

3. 花育 60

花育 60 是山东省花生研究所迟晓元研究员研制的花生品种。生育期 125 天，百果重 263 克，百仁重 106 克。籽仁粗脂肪含量 53.78%，粗蛋白含量 23.61%，油酸含量 45.3%，亚油酸含量 32.1%，O/L 值 1.41。2015 年国家（北方片）花生区域试验报告结果，荚果平均亩产 354.93 千克，籽仁平均亩产 247.71 千克，分别比对照花育 33 号增产 1.96% 和 1.46%（图 3-6）。2022 年在东营盐碱地（含盐量 0.27%）测产验收，花育 60 高产公关田实收产量为 618.94 千克 / 亩，适合盐碱地种植。2022 年花育 60 实现品种转化，转化给青岛华实种苗有限公司。

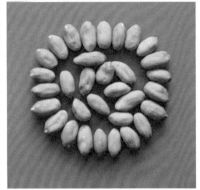

图 3-6 花育 60

4. 花育 9113 号

花育 9113 号是山东省花生研究所迟晓元研究员研制的花生品种。生育期 126 天，百果重 240.12 克，百仁重 93.86 克，出米率 67.9%。籽仁粗脂肪含量 53.27%，粗蛋白含量 24.3%，油酸含量 50.5%，亚油酸含量 28.3%，O/L 值 1.78。种子休眠性强，抗旱性强，抗涝性强，抗倒伏性强。2019—2020 年国家北方片花生新品种多点试验，18 个试点，荚果平均亩产

385.37千克，籽仁平均亩产262.59千克，均居参试品种的第1位（图3-7）。

图3-7　花育9113号

5. 花育958

花育958是山东省花生研究所陈静研究员研制的花生品种，是高油酸花生新品种，2019年通过国家登记。荚果斧头形，籽仁粉红色，无裂纹。山东春播生育期130天，麦套或夏直播115天。主茎高45厘米，分枝数10条，百果重232克，百仁重89克。出米率72.5%。籽仁脂肪含量50.16%，蛋白质含量23.00%，油酸含量81.24%，亚油酸含量2.35%。荚果比对照鲁花11号增产6.46%和5.34%。籽仁比对照鲁花11号增产11.02%和9.85%。适宜山东、河南、河北、安徽、辽宁等北方大花生产区（图3-8）。

图 3-8　花育 958

6. 高产抗逆大花生新品种——花育 9510

花育 9510 是山东省花生研究所陈静研究员研制的花生品种，2021 年通过国家登记。百果重 272.02 克，百仁重 109.9 克。每千克果数 476 个，每千克仁数 1121 个。出米率 71.71%。籽仁粗脂肪含量 52.83%，粗蛋白含量 25.6%，油酸含量 42.9%，亚油酸含量 36.5%，O/L 值 1.18。荚果比对照花育 33 号增产 12.00%、11.00%，分别居参试品种第 2 位和第 1 位。籽仁比对照花育 33 号增产 14.6%、15.19%，分别居参试品种第 2 位和第 1 位（图 3-9）。

适宜山东、河南、河北、安徽、辽宁等北方大花生产区。2022 年山东省黄河三角洲农高区耐盐碱花生品种筛选评价试验。46 个参试品种，3 种不同盐浓度（农高区低盐、农高区中盐、毛坨中重度），花育 9510 综合评价排名第一位。

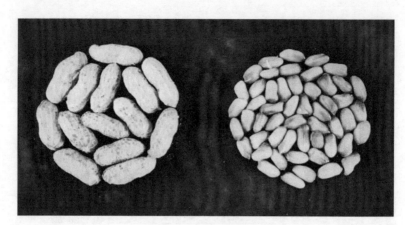

图 3-9　花育 9510

7. 花育 961

花育 961 是山东省花生研究所王传堂研究员研制的花生品种，是 2022 年度国家粮油主导品种。高油酸、高产、圆粒形、加工专用型品种。适合鲜、干花生机收。山东春播生育期120 天。2013—2014 年山东测产，比对照花育 33 号增产籽仁4.09%～14.63%。出米率高达 77.5%。适合山东、东北、安徽、海南、新疆种植（图 3-10）。

8. 花育 963

花育 963 是山东省花生研究所王传堂研究员研制的高油酸、耐旱、高产长粒形大花生品种，可替代传统大花生生产油炸花生仁。山东春播生育期 120 天。2012—2014 年山东测产，比对照花育 33 号增产籽仁 5.79%～8.24%。适合山东、河南、安徽、河北（保定）、湖北（襄阳和黄冈）等地种植。2016 年山东莱西遭遇严重干旱，一水未浇的情况下，在

1 800 米² 的旱薄地上，花育 963 取得了亩产 420 千克的产量。2020 年辽宁绥中测产，花育 963 亩产 518 千克，比花育 23 增产 17.7%（图 3-11）。

图 3-10　花育 961

图 3-11　花育 963

9. 花育 665

　　花育 665 是山东省花生研究所王传堂研究员研制的高油酸高产兰娜型品种。山东种植 120 天以内成熟。2015—2018 年山东测产比花育 20 号增产籽仁 8.44%～26.53%。2018 年莱西大田扩繁试验，花育 665 荚果亩产达 475 千克以上。2018 年辽宁锦州试验，比当地对照锦花 16 增产籽仁 16.82%。2020 年辽宁绥中测产，亩产 487.8 千克，比花育 23 增产 10.7%。适合山东、辽宁种植（图 3-12）。

图 3-12　花育 665

10. 花育 9515

花育 9515 是山东省花生研究所陈静研究员研制的鲜食花生新品种。属早熟直立多粒花生品种，春播生育期 110 天左右。株型直立，疏枝，连续开花。主茎高 55 厘米，侧枝长 60 厘米，总分枝数 9～10 条。单株结果数 15 个，单株生产力 19 克；叶色浅绿，结果集中；荚果多粒型，网纹较明显；籽仁红色，籽仁无裂纹。百果重 240 克，百仁重 98 克，出米率 72.5%。籽仁粗脂肪含量 48.93%，蛋白质含量 26.2%，O/L 值 1.05。抗旱性中等。2019 年诸城大片示范产量，单产鲜荚果达到 1 512.78 千克/亩。

11. 花育 9810

花育 9810 是山东省花生研究所袁美研究员育成的抗根结线虫病大花生品种，春播平均生育期 122 天。百果重 242.25 克，百仁重 95.39 克；粗脂肪含量 49.82%，粗蛋白含量 25%，油酸含量 66.6%，亚油酸含量 14.4%。2020 年国家北方片花生新品种多点试验，18 个试点，荚果平均亩产 288.264 千克，籽仁平均亩产 201.038 千克。

12. 花育 6810

花育 6810 是山东省花生研究所袁美研究员育成的抗根结线虫病小花生品种，春播平均生育期 120 天。百果重 184.26 克，百仁重 68.27 克；粗脂肪含量 48.91%，粗蛋白含量 26.6%，油酸含量 54%，亚油酸含量 25.9%。2020 年国家北方片花生新品种多点试验，18 个试点，荚果平均亩产 291.56 千克，比对照种花育 20 号增产 7.406%。

13. 花育 6801

花育 6801 是山东省花生研究所袁美研究员育成的高产高油小花生品种，平均生育期 125 天。百果重 162 克，百仁重 71.2 克；粗脂肪含量 58.58%，粗蛋白含量 23.74%，油酸含量 45.2%，亚油酸含量 33.6%。2015—2016 年，花育 6801 参加国家花生品种（北方片）区域试验，平均亩产荚果 306.37 千克和 297.89 千克，分别比对照种花育 20 号增产 6.57% 和 12.73%。

14. 花育 67

花育 67 是山东省花生研究所单世华研究员育成的花生品种。生育期 120 天，直立，疏枝，连续开花。百果重 217.4 克，百仁重 90.6 克，出仁率 69.5%。籽仁椭圆形，外种皮浅红色。粗蛋白含量 30.35%，粗脂肪含量 51.82%。稳产优质小花生，口感细腻，蛋白含量高，适合鲜食。2012—2013 年辽宁省区试中，两年平均亩产荚果 290.8 千克，籽仁 202.1 千克，分别比对照白沙 1016 增产 8.2% 和 7.9%。

15. 高产高油酸舜花 14 号

高产高油酸舜花 14 号是山东省农业科学院种质资源研究所育成的花生品种。属中间型高油酸大花生，疏枝，株型直立，主茎高 34.0 厘米，侧枝长 35.9 厘米，总分枝数 9.0 个。荚果近茧形，百果重 221.6g，饱果率 83.4%，出米率 70.1%。籽仁柱形，百仁重 85.8 克，种皮浅红色。蛋白质含量 26.4%，脂肪酸含量 50.67%，油酸含量 80.6%，亚油酸含量 2.99%。中抗叶斑病。舜花 14 号是利用 TaqMan 探针、KASP 高通量基因分型等分子标记技术辅助选育而成的。2022 年获得品种登记。2022 年费县东蒙镇单粒精播高产攻关实打验收亩产 648.56 千克，首创高油酸花生实打验收山东省高产纪录（图 3-13、图 3-14）。

图 3-13　高产高油酸舜花 14 号

图 3-14　高产高油酸舜花 14 号测产现场

第三节　费县花生品种更新工作进展

2020 年，山东省农业科学院创新实施"三个突破"战略，在招远、费县、郓城 3 个县（市），建设整县域乡村振兴科技引领型齐鲁样板示范县（市）。2020 年 8 月，山东省花生研究所的王明清副研究员作为山东省农业科学院首批"组团下乡"的科技人员，在费县推广花生新品种新技术。2021 年，山东省农业科学院在费县开展"花生产业链"工作，李新国研究员担任链长，费县花生新品种新技术推广工作进入高潮。

一、2021 年费县花生新品种推广工作

（一）建设优质花生示范田

2021 年，王明清副研究员在费县建设 3 个优质花生示范田，面积共计 240 亩，落地花生新品种 19 个。在石井镇建设 20 亩"优质高产花生新品种示范田"，在薛庄镇西宋庄村建设 20 亩"花生新品种示范田"，在东蒙镇乐华田园综合体建设 200 亩"梨园中套种花生示范田"。在东蒙镇武家汇村，万书波院长建设花生单粒精播高产攻关田和花生玉米宽幅间作示范田。依托示范田，开展多次花生新品种推广和技术培训。

种植的品种主要有花育 25 号、花育 36 号、花育 9510、花

育 958、花育 655、花育 9810、花育 6810、花育 6801、花育 6821、花育 6820、花育 9128、花育 910、黑花生、甜花生等 21 种优质花生品种。收获时，对各个花生品种测产，有多个花生品种亩产超过 500 千克，花育 50 号、黑花生、花育 60、花育 910、花育 958 的亩产分别为 605 千克、560 千克、540 千克、525 千克、505 千克（表 3-1）。收获时，举办了花生新品种观摩会（图 3-15），得到费县农业农村局和当地种植户的一致好评。

花生单粒精播高产攻关田亩产达到 652.8 千克，创费县花生亩产最高纪录。采用花生玉米宽幅间作技术，花生亩产 375.8 千克，玉米亩产 430.6 千克。

表 3-1　2021 年费县花生示范田的亩产量

花生品种	每亩产量（千克）	花生品种	每亩产量（千克）
花育 25 号	652.8	花育 25 号（花生玉米宽幅间作技术）	375.8
花育 50 号	605	花育 9510	480
花育 910	525	花育 655	445
甜花生	460	花育 9810	420
黑花生	560	花育 6810	380
花育 958	505	花育 6821	395
花育 60	540	花育 6820	440
花育 6811	430	花育 9128	490
花育 9811	455	花育 918	480
花育 20 号	415	花育 22 号	465
花育 6801	440		

图 3-15　花生新品种现场观摩会

（二）在费县石井镇开展花生单粒精播技术培训

2021 年 5 月 12 日，王明清副研究员在费县石井镇开展花生单粒精播技术培训（图 3-16）。

图 3-16　王明清副研究员在田间教授农民花生单粒精播技术

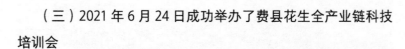

（三）2021 年 6 月 24 日成功举办了费县花生全产业链科技培训会

由山东省花生研究所单世华副所长带队，组织育种、栽培、植保、加工等专家共 6 人，在石井镇成功举办了费县花生全产业链科技培训会。培训会分为室内培训和现场培训两部分。在室内培训会上，育种专家迟晓元博士、栽培专家吴正锋博士、病害防控专家迟玉成博士、虫害防控专家曲明静博士、食品加工专家王明清博士分别从花生育种、栽培、病害防控、虫害防控、花生加工等方面对花生全产业链生产环节技术要求做了报告。会后农民提出了花生病害问题，专家给出了经济有效的解决办法。在石井镇七福田园综合体花生田现场，专家们结合田间花生生长状况和发现的问题，详细地讲解了高油酸花生新品种特征特性与田间管理、花生病虫害的防控等技术要点（图 3-17、图 3-18）。

图 3-17　费县举办的花生全产业链科技培训会

图 3-18　花生种植户带着自己家的花生咨询专家

（四）2021 年 7 月 2 日在薛庄镇组织举办了费县花生田间管理技术培训

在薛庄镇西宋庄村会议室，专家们详细讲解了花生病虫害特征和田间管理的技术要点，与花生种植户们面对面就品种、配套技术等方面进行了深入细致的交流，回答了生产中遇到的问题。为加深种植户对花生品种、生产技术、病害特征的认识，专家们在不同的花生地里实地察看、讲解，并根据生长状况、土壤状况、环境状况等给出了不同的切实有效的解决办法。通过现场讲解培训，给花生种植户们带来了新的种植观念，完善提高了田间管理技术（图 3-19、图 3-20）。

图 3-19　费县花生田间管理技术培训

图 3-20　田间地头查看花生病害，解决农民花生种植中遇到的问题

（五）2021年7月21—23日，王明清副研究员在东蒙镇、石井镇开展"我为老区做贡献"的田间管理指导

7月21—23日，山东省花生研究所"舜耕科技"服务团花生所分团赴费县开展"我为老区做贡献"的田间管理指导。在东蒙镇花生地里，仔细察看了花生，发现有的地块花生叶斑病较严重，提出了相应的解决方案；发现有的地块花生初步出现了花生白绢病，建议用户及时采用高效的应对策略；针对当年雨水充足、花生出现疯长的问题，建议农户及时进行花生的控旺。在石井镇花生地里，王明清副研究员仔细察看了花生，发现出现了较多虫害，建议种植户及时打杀虫药；根据花生长势，建议种植户施用叶面肥。通过现场讲解，提高了花生种植户的田间管理技术，为花生高产打下了坚实的基础（图3-21至图3-23）。

图3-21 "舜耕科技"服务团山东省花生研究所分团赴费县田间指导

图 3-22　花生优良品种推广专家工作室王明清副研究员在田间指导

图 3-23　花生优良品种推广专家工作室王明清副研究员等在田间指导

（六）指导农户尽快收获早熟的花生品种，对晚熟的花生注意排涝

2021年8月25—27日，调研了东蒙镇、薛庄镇、石井镇的花生，指导农户尽快收获早熟的花生品种，对晚熟的花生注意排涝。8月28日邀请曲树杰书记、谢宏峰科长前往费县指导费县花生田间管理。

（七）2021年费县花生亩产最高纪录

2021年9月1日，山东省农业科学院农作物种质资源研究所邀请山东省农业技术推广中心曾英松研究员，山东农业大学李向东教授、刘鹏教授，泰安市农业科学院李文金高级农艺师和临沂市农业科学院孙伟高级农艺师一行赴费县开展"花生单粒精播、花生玉米宽幅间作高产攻关测产及农技人员培训"活动。

专家组一行在东蒙镇武家汇村进行了花生单粒精播节本增效与花生玉米宽幅间作等现场测产工作。经专家测产，花生单粒精播高产攻关田亩产达到652.8千克，创费县花生亩产最高纪录。采用花生玉米宽幅间作技术，花生亩产375.8千克，玉米亩产430.6千克。活动期间，服务团重点围绕花生单粒精播节本增效与花生玉米宽幅间作等播、管、收等过程中的关键技术进行了培训，40余人次参加了技术培训会。通过对比进一步展示了山东省农业科学院花生栽培技术的优势，并得到了东蒙镇领导、农技人员和种植户的广泛认可（图3-24）。

图 3-24　2021 年费县东蒙镇花生高产田测产

二、2022 年费县花生新品种推广工作

（一）建设多个优质花生示范田，持续推广花生新品种新技术

2022 年，山东省农业科学院农作物种质资源研究所李新国链长在东蒙镇武家汇村建设 100 亩花生单粒精播高产示范田。王明清副研究员在费县 5 个乡镇建设花生示范田，总面积约 400 亩，引进花生新品种 40 余个。在上冶镇建设 150 亩花生示范田，在石井镇安乐村建设 30 亩新品种花生示范田，在薛庄镇西宋庄村建设 30 亩高产花生示范田，在东蒙镇武家汇村建设 30 亩高油酸花生示范田和 100 亩甜花生示范田，在东蒙镇乐华田园综合体建设 30 亩特色花生示范田，在费城街道建设 5 亩高产花生示范田。

依托示范田，开展花生新品种推广和技术培训。因为气候原因，2022 年费县花生示范田有些花生亩产量略有下降（表 3-2）。

表 3-2　2022 年费县花生示范田的部分花生品种的亩产量

花生品种	每亩产量（千克）	花生品种	每亩产量（千克）
花育 33 号	478	花育 9515	408.5
花育 917	505	花育 9510	515
花育 655	465	花育 961	430
甜花生	410	花育 955	480
黑花生	480	花育 910	430
花育 36 号	455	花育 39 号	505
花育 958	440	花育 662	430
花育 50 号	540	花育 963	445
花育 23 号	395	花育 22 号	460
花育 51 号	445	花育 32 号	455
花育 60	470	花育 9113	475

（二）通过山东乡村广播做直播节目，培训技术人员上万人

2022 年 5 月 9 日王明清副研究员在山东乡村广播做直播节目《舜耕科技一键帮》花生品种知多少，宣传"三个突破"的工作，讲解在费县推广的花生种植新品种新技术，直播培训 2.17 万人。

2022 年 7 月 15 日王明清副研究员在费县梁邱镇，通过省级媒体山东乡村广播做直播节目《舜耕科技一键帮》田间课题走进费县，讲解花生品种、单粒精播技术以及田间管理技术，直播培训 9.21 万人，现场培训 50 人（图 3-25）。

图 3-25　花生优良品种推广专家工作室王明清副研究员田间直播

2022 年 7 月 30 日王明清副研究员在费县石井镇安乐村，通过省级媒体山东乡村广播做直播节目《舜耕科技一键帮》田间课题第二课，讲解花生田间管理技术，直播培训人员 10.01 万人，现场培训 50 人（图 3-26）。

（三）在费县上冶镇组织了"费县花生产业科企创新联合体 2022 年技术培训会"

8 月 18 日在费县上冶镇组织召开了费县花生产业科企创新联合体 2022 年技术培训会。培训会由山东省花生研究所、费县农业农村局农技推广中心、费县运丰花生专业种植合作社、费县花生产业链共同举办。费县农业农村局农技推广中心副主任翟正勇、工作人员王立新、韩承辰，上冶镇农技站站长张伟，费县花生种植大户等 60 余人参加本次技术培训会（图 3-27）。

图 3-26　花生优良品种推广专家工作室王明清副研究员田间直播
《舜耕科技一键帮》

图 3-27　费县花生产业科企创新联合体 2022 年技术培训会

培训前，与会人员到费县运丰花生专业种植合作社 150 亩示范田实地观摩，体验和了解 30 多个花生新品种的长势和蛴螬绿色防控技术；开班仪式由上冶镇党委副书记张娜主持，费县运丰花生专业种植合作社总经理赵善军、费县农技推广中心副主任翟正勇、山东省花生研究所纪委书记宫清轩、"三个突破"费县指挥部指挥长李文刚分别发言。培训会上，花生专家崔凤高研究员、陈静博士、曲明静博士、袁美博士、王明清博士分别从花生栽培技术、花生新品种、花生病害虫害防控、花生抗病品种、花生加工技术等花生全产业链进行了培训。在互动交流环节，专家一一解答花生种植户和合作社负责人提出的生产问题。

（四）2022 年 9 月 15 日，在费县东蒙镇武家汇举办费县花生产业链 2022 年品种与农机农艺技术培训会

9 月 15 日，山东省农业科学院农作物种质资源研究所、"三个突破"费县指挥部和乡村人才学院联合在费县东蒙镇组织召开了花生产业链 2022 年品种与农机农艺技术培训会。费县花生产业链链长李新国研究员，专家工作室相关专家，费县农技推广中心及 12 个乡镇农业综合服务站站长、东蒙镇等花生主产区合作社、种植户等 50 余人参加培训（图 3-28）。

开班仪式由李新国主持，"三个突破"费县指挥部成员刘长亮、费县农技推广中心李全法主任、东蒙镇皮京明副镇长等到会发言。培训会围绕花生高产高效，结合花生单粒精播技术、花生玉米宽幅带状复合种植技术，分别由王明清副研究员、

康建明博士和李荣站长针对化生品种筛选与病虫害防治、花生生产农机农艺配套与秧膜分离等内容进行了系统培训，以促进花生产业绿色高效发展，促进农田生态环境保护和农业绿色可持续发展。

图 3-28　花生产业链 2022 年品种与农机农艺技术培训会

第四章

高产高效栽培种植技术与配套机械

第一节　花生单粒精播节本增效高产栽培技术

一、技术基本情况

花生常规种植方式一般每穴播种 2 粒或多粒，以确保收获密度。但群体与个体矛盾突出，同穴植株间存在株间竞争，易出现大小苗、早衰，单株结果数及饱果率难以提高，限制了花生产量进一步提高。单粒精播能够保障花生苗齐、苗壮，提高幼苗素质；再配套合理密度、优化水肥等措施，能够延长花生生育期，显著提高群体质量和经济系数，充分发挥高产潜力。此外，花生穴播 2 粒或多粒用种量很大，全国每年用种量占全国花生总产量的 8%～10%，约 150 万吨（荚果），单粒精播技术节约用种显著。推广应用单粒精播技术对花生提质增效具有十分重要意义。

二、技术示范推广情况

单粒精播技术先后作为省级地方标准和农业行业标准发布实施。2011—2020 年累计 9 年被列为山东省农业主推技术，2015—2019 年连续 5 年被列为农业农村部主推技术。2014—2016 年连续 3 年实收超过 750 千克 / 亩，其中 2015 年在山东省

第四章　高产高效栽培种植技术与配套机械

平度市实收达到 782.6 千克 / 亩，挖掘了花生单粒精播高产潜力，为我国花生实收高产典型。目前，该技术在全国推广应用，获得良好效果；据山东省农技推广部门统计，山东省累计推广 2 000 余万亩。

三、技术获奖情况

作为部分内容，2008 年获国家科技进步奖二等奖；随着深入研究和推广应用，作为主要内容，2018 年获山东省科技进步奖一等奖、山东省农牧渔业丰收奖一等奖及 2019 年度国家科技进步奖二等奖。

四、增产增效情况

较常规双粒或多粒播种，单粒精播技术亩节种约 20%、平均增产 8%，花生饱满度及品质显著提升，亩节本增效 150 元以上。

五、技术要点

（一）精选种子

精选籽粒饱满、活力高、大小均匀一致、发芽率≥95% 的种子，药剂拌种或包衣（图 4-1）。

图 4-1　花生种药剂拌种、包衣

（二）平衡施肥

根据地力情况，配方施用化肥，增施有机肥和钙肥，提倡施用专用缓控释肥，确保养分全面平衡供应。分层施肥时，底肥结合耕地施入，钙肥重点施予结果层，种肥随播种施用。

（三）深耕整地

适时深耕翻，及时旋耕整地，随耕随耙耢，清除地膜、石块等杂物，做到地平、土细、肥匀。

（四）适期足墒播种

0～5厘米日平均地温稳定在15℃以上，土壤含水量确保65%～70%。北方春花生适播期为4月下旬至5月中旬，南方春秋两熟区春花生为2月中旬至3月中旬，秋花生为立秋至处暑，长江流域春夏花生交作区为 3 月下旬至 4 月下旬。麦套花生在麦收前 10～15 天套种，夏直播花生应抢时早播。

（五）单粒精播

单粒播种，亩播 13 000～16 000 粒，宜起垄种植，垄距 85 厘米，一垄两行，行距 30 厘米左右，穴距 10～12 厘米，裸栽播深 3～5 厘米，覆膜压土播深约 3 厘米。密度要根据地力、品种、耕作方式和幼苗素质等情况来确定。肥力高、晚熟品种、春播、覆膜、苗壮，或分枝多、半匍匐型品种，宜降低密度，反之增加密度。生育期较短的夏播花生根据情况适当增加密度，但不宜超过 17 000 粒 / 亩。选用成熟的播种机械，覆膜栽培时，宜采用膜上打孔覆土机械或方式，膜上筑土带 3～4 厘米，引升子叶节出土，根据情况及时撤土清棵，确保侧枝出膜（图 4-2 至图 4-4）。

图 4-2　单粒精播播种规格（穴距）

图 4-3　机械化播种作业

图 4-4　单粒精播田花生出苗情况

（六）水肥调控

花生生长关键时期，遇旱适时适量浇水，遇涝及时排水，确保适宜的土壤墒情。花生生长中后期，酌情化控和叶面喷肥，雨水多、肥力好的地块，宜在主茎高 28～30 厘米开始化控，提倡"提早、减量、增次"化控，确保植株不旺长、不脱肥。

（七）防治病虫害

采用综合防治措施，严控病虫为害，确保不缺株、叶片不受为害（图 4-5）。

图 4-5　田间病虫害无人机综合防治

（八）适宜区域

适合全国花生产区。

（九）应用基础

全国范围内推广。

（十）注意事项

要注意精选种子。密度要重点考虑幼苗素质，苗壮、单株生产力高，降低播种密度，反之则增加密度；水肥条件好的高产地块宜减小密度，旱（薄）地、盐碱地等肥力较差的地块适当增加密度。

第二节　花生带状轮作复合种植技术

一、技术基本情况

我国农业发展成就举世瞩目，大宗农产品供应充足，粮食自给率稳定在 90% 左右，但生产中仍存在着突出问题。一是我国油料自给率仅为 32%，扩大油料生产面临着与粮食等作物争地的矛盾；二是作物种植结构单一（花生、玉米、棉花、甘蔗等长期连作，冬小麦—夏玉米单一种植），导致肥药投入偏高、土壤板结、农田 CO_2 及含 N 气体排放增加、可持续增产潜力不足等，且果树行间资源利用不充分；三是间套作是稳粮增油、缓解连作障碍的有效方式，但传统间套作模式不适应机械化、规模化生产。为充分发挥花生根瘤固氮作用，以花生为主体，通过对花生与粮棉油糖果等间套轮作模式研究与试验，研发出花生带状轮作复合种植技术，该技术是压缩玉米、棉花等高秆作物株行距、增加其播种带密度，发挥边际效应，保障其稳产高产，挤出带宽种植花生，两种作物尽可能"等带宽"种植，翌年两种作物"条带调换"种植，第三年再次调换种植，依此类推。果树行套作花生，翌年用禾本科作物轮作，第三年再套作花生，依此类推。实现间作与轮作有机融合、种地养地结合、防风固沙、碳氮减排及农业绿色发展。自 2010 年以来，山东省农业科学院等单位对花生带状轮作复合种植技术进行了系统研究，授权国家专利 17 项，制定省级地方标准 10 项、技术规程 6 项，均在生产中应用。

二、技术示范推广情况

"玉米花生间作技术" 2015 年被国务院列为农业转方式、调结构技术措施；2017—2019 年、2021 年被遴选为农业农村部主推技术；2017 年、2019—2020 年被遴选为山东省主推技术；被中国农村技术开发中心列为大田经济作物高效生产新技术，作为农村科技口袋书全国推广；作为减排固碳增效技术，被选为我国气候智慧型作物生产主体技术与模式。"花生带状轮作技术" 2020 年被选为中国农业农村重大新技术，2021 年被列为山东省主推技术。且均被中国科协遴选入驻"科创中国"，作为技术案例予以推广应用。

2016 年中国工程院农业学部组织院士专家对该模式进行了实地考察，亩产玉米 517.7 千克＋花生 191.7 千克，认为该技术探索出了适于机械化条件下的粮油均衡增产增效生产模式。全国农技中心 2017 年印发《玉米花生宽幅间作技术示范方案》的通知，要求在黄淮海及东北花生主产区开展间作技术示范，并多次召开全国性观摩会。山东省财政厅、农业农村厅实施的 2018 年第二批粮油绿色高质高效创建项目，将玉米花生间作技术在临邑、莒县、泗水、昌乐 4 地进行集中示范推广，每县 2.5 万亩。花生带状轮作复合种植技术在山东、辽宁、吉林、广西、新疆、河南、河北、广西、安徽、湖南、四川等地进行了试验示范及大面积推广应用，取得良好效果。

技术示范及推广过程中，受到人民日报、新华社、CCTV2、山东电视台等中央及省级媒体的广泛关注。其中，"缓解粮油争地人畜争粮等矛盾——'专家建议推广玉米花生宽幅间作技术'"列入人民日报内参（2016 年，第 1341 期）。人民日报于 2016 年（第 552 期 9 版）对技术效果进行了报道。

三、技术获奖情况

核心专利之一"一种夏玉米夏花生间作种植方法"2018 年获山东省专利奖二等奖。作为主要内容，2018 年获山东省农牧渔业丰收奖一等奖。花生带状轮作技术列入 2020 年度中国农业农村重大新技术。

四、增产增效情况

在保证玉米、棉花等作物高产稳产的同时，平均亩增收花生 120 千克以上，土地利用率提高 10% 以上，亩效益增加 20% 以上。该技术模式有效改善田间生态环境、缓解连作障碍、减轻东北区风蚀、减少碳氮排放，生态效益显著。

五、技术要点

（一）选择适宜模式

花生与玉米带状种植：根据地力及气候条件选择不同的模式。黄淮区选择玉米与花生行比为 3 : 4 的模式（图 4-6），带宽 3.5 米，玉米行距 55 厘米、株距 14 厘米。东北区选择 8 : 8 为主的模式（图 4-7），带宽 8 米左右，玉米行距 50～60 厘米、株距 22～25 厘米；花生均一垄 2 行，垄距 85 厘米，单粒精播、穴距 10 厘米。

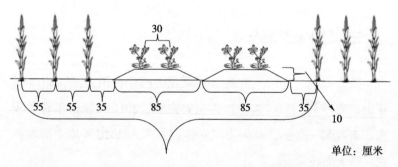

图 4-6　玉米与花生 3 : 4 模式示意图

花生与棉花带状种植：黄淮区选择棉花与花生行比为 4 : 6 的模式（图 4-8），带宽 5.5 米，棉花等行距 75 厘米、株距

20 厘米。花生一垄 2 行，单粒精播、穴距 10 厘米。新疆选择膜比 3：5 模式（图 4-9），带宽约 13.7 米，棉花每膜种植 6 行，行距 10 厘米：66 厘米：10 厘米：66 厘米：10 厘米，两膜相邻边行距 60 厘米，株距 9.5 厘米；花生每膜 4 行，行距 30 厘米：40 厘米：30 厘米，两膜相邻边行距 40 厘米，穴距 10 厘米，单粒精播。

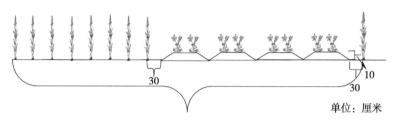

图 4-7　玉米与花生 8：8 模式示意图

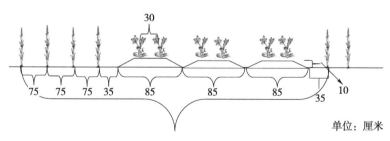

图 4-8　棉花与花生 4：6 模式示意图

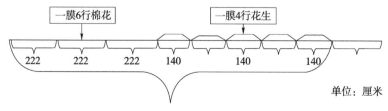

图 4-9　棉花与花生膜比 3：5 模式示意图

花生与甘蔗带状种植：可选择甘蔗与花生行比 1∶2、2∶3、1∶4 等模式，其中 2∶3 模式带宽 2.4 米，甘蔗每米植沟 15 个芽，花生穴距 9～10 厘米，每穴 1 粒（图 4-10）。

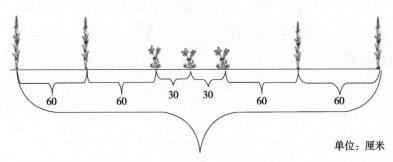

单位：厘米

图 4-10　甘蔗与花生 2∶3 模式示意图

（二）选择适宜品种并精选种子

选用适合当地生态环境、抗逆高产良种。玉米选用株型紧凑或半紧凑型的耐密品种；花生选用耐阴、耐密、抗倒高产良种。

精选种子，或选用经过包衣处理的商品种。花生应选籽粒饱满、活力高、大小均匀一致、发芽率≥95% 的种子。

（三）选择适宜机械

选用目前生产推广应用的、成熟的播种机械和收获机械，实行条带分机播种、分机收获或一体化播种机械播种。

（四）适期抢墒播种保出苗

根据当地气温确定播期。每种模式的两种作物可同期播种，也可分期播种；分期播种要先播生育期较长的作物，后播生育期较短的作物。大花生宜在 0～5 厘米平均地温稳定在 15℃以上、小花生稳定在 12℃以上为适播期，土壤含水量确保 65%～70%。花生夏播时间均应在 6 月 15 日前抢时早播。

（五）均衡施肥

重视有机肥的施用，以高效生物有机复合肥为主，两种作物肥料统筹施用。根据作物需肥特性不同、地力条件和产量水平，实施条带分施技术。每亩施氮（N）6～12 千克，磷（P_2O_5）5～9 千克，钾（K_2O）8～12 千克，钙（CaO）6～10 千克。适当施用硫、硼、锌、铁、钼等微量元素肥料。若用缓控释肥和专用复混肥，可根据作物产量水平和平衡施肥技术选用合适肥料品种及用量。

（六）深耕整地

适时深耕翻，及时旋耕整地，随耕随耙耢，清除地膜、石块等杂物，做到地平、土细、肥匀。

对于小麦茬口，要求收割小麦时留有较矮的麦茬（宜控制在 10 厘米内），于阳光充足的中午前后进行秸秆还田，保证秸秆粉碎效果，而后旋耕 2～3 次，旋耕时要慢速行走、高转速旋耕，保证旋耕整地质量。

（七）控杂草、防病虫

重点采用播后苗前封闭除草措施，喷施精异丙甲草胺。出苗后均采用分带隔离喷施除草技术与机械，避免两种作物交叉。

按常规防治技术主要加强地下害虫、蚜虫、红蜘蛛、玉米螟、棉铃虫、斜纹夜蛾、花生叶螨、叶斑病、锈病和根腐病的防治。

施药应在早、晚气温低、风力小时进行，大风天不要施药。

（八）田间管理控旺长

生长期遇旱及时灌溉，采用渗灌、喷灌或沟灌。遇强降雨，应及时排涝。

间作花生易旺长倒伏，当花生株高 28～30 厘米时，每亩用 24～48 克 5% 的烯效唑可湿性粉剂，兑水 40～50 千克均匀喷施茎叶（避免喷到其他作物），施药后 10～15 天，如果高度超过 38 厘米可再喷施 1 次，收获时应控制在 45 厘米内，确保植株不旺长；西北区以水控旺。根据棉花长势分别于苗蕾期、初花期、花铃期喷缩节胺。

（九）收获与晾晒

根据成熟度适时收获与晾晒。用于鲜食的玉米、花生应择时收获。

（十）适宜区域

适合黄淮、东北、西南、西北玉米、花生、甘蔗、棉花种植区。

（十一）应用基础

在全国范围内推广。

（十二）注意事项

应选择适宜当地的模式与品种；注重播种质量，注意调整播深，保证苗全、苗齐；注重苗前化学除草；防止花生徒长倒伏。

第三节　花生全程可控施肥技术

一、技术概述

（一）技术基本情况

为获得高产，花生生产过程中易过量基施化学氮肥。过量的氮肥一是严重抑制了根瘤菌的固氮作用，造成肥料的浪费和土壤生态环境污染；二是氮肥供应与花生不同生育时期需肥不同步，造成花生前期徒长，后期脱肥。花生全程可控施肥是实现花生优质高产、资源高效利用、农田生态系统健康、环境污染控制"四赢"的关键。其重大目标在于：提高花生产量、改善花生品质、减少环境污染。

花生全程可控施肥技术以"减施氮肥、促进花生根瘤菌固氮作用、提高养分效率、提高土壤质量、降低温室气体排放、实现花生绿色生产、降低花生生产成本、提高农民收入"为技术思路，以实现减肥与绿色生产、提质增效、资源高效利用、

第四章　高产高效栽培种植技术与配套机械

农田生态系统健康、环境污染控制为目标。技术核心是根据花生幼苗期（前期）、开花下针期和结荚前期（中期）、结荚中后期和饱果期（后期）对营养的需求差异以及花生的固氮能力，采用速效肥与缓释肥合理配方，充分发挥氮肥缓释效应和花生根瘤菌固氮作用，满足花生生育期内氮肥需求、钙肥需求，做到一次施肥，全程可控，在特定时间段进行针对性的供肥，既满足植株的需要，又充分发挥生物固氮的能力，起到增产节肥的目的。

全程可控施肥技术的要点如下。

（1）起爆氮。生育前期供应速效氮肥，促进植株早期发育和根瘤形成。

（2）中补钙。生育中期以钙肥供应为主，以根瘤固氮为植株供氮为主，促进荚果发育。

（3）后援氮。生育后期以缓释氮肥和钾肥为主，促进荚果充实饱满。

近年来，山东省农业科学院对花生全程可控施肥技术进行了系统研究，授权国家发明专利30余项。该技术于2018年被山东省科学技术厅列为山东省重大科技创新工程项目给予支持研究；2018年山东省相关花生专家对该技术进行了实地考察，认为该技术探索出了适于机械化的简化精准施肥和减肥增效生产模式。

（二）技术示范推广情况

2018年项目技术在莒南县涝坡镇的核心区1万亩进行了测产验收，平均亩产482.4千克，与对照田相比，平均每亩减施氮肥4千克，节氮26.7%，平均亩增产58.6千克。2019年项目技术在莒南县涝坡镇的核心区 1 万亩及板泉镇、坊前镇、道口镇、岭泉镇等的辐射区 15 万亩花生进行了测产验收。核心区平均亩产 498.5 千克；辐射区平均亩产 475.2 千克。与对照田相比，平均每亩减施氮肥 3.5 千克，节氮 21.4%，平均亩增产 48.4 千克。印度科学院院士拉吉夫认为，全程可控施肥技术满足了花生全生育期对氮和钙肥的差异性需求，具有良好的节氮效果，有利于农业的可持续性发展，可向其他国家推广。

（三）提质增效情况

较传统施肥技术，增收花生 30～60 千克，增产 8%～15%，节氮 15% 以上、提高肥料利用率 5% 以上、增加亩效益 10% 以上。

（四）技术获奖情况

部分研究成果获 2018 年度山东省科学技术奖一等奖和 2019 年国家科技进步奖二等奖。

二、技术要点

（一）精选种子

花生精选籽粒饱满、活力高、大小均匀一致、发芽率≥95% 的种子，播前拌种或包衣或选用包衣商品种。

（二）深耕整地

地块前茬作物地上植株部分需清除，或者进行粉碎处理，

均匀分布于地面；地下根部残留进行旋耕粉碎。条件允许可进行深耕翻，及时旋耕整地，随耕随耙耢，清除地膜、石块等杂物，做到地平、土细。

对于麦后夏播田，要求收割小麦时留有较矮的麦茬，于阳光充足的中午前后进行秸秆还田，保证秸秆粉碎效果，而后旋耕2～3次、整地，旋耕时要慢速行走、高转速旋耕，保证旋耕质量。

（三）全程可控施肥

肥料配比：为速效肥与缓释肥复混的控释复混肥料，速效肥和缓释肥中氮素含量相同的情况下，速效肥：缓释肥（重量比）为1.2：1，其中缓释肥采用释放周期为100天的包膜肥料。根据土壤肥力，复混肥料50～60千克。

施肥方法：采用花生专用分层施肥机械进行结果层和根系集中层分层施肥，其中结果层肥料施于花生行间（5～10厘米深度），根系集中层肥料施于花生行下（10～25厘米深度）；复混肥料在结果层和根系集中层等量施肥。

（四）播种规格

花生垄距85厘米，垄高10厘米，一垄2行，小行距35厘米，穴距10～14厘米，每穴1粒。

（五）适期抢墒播种保出苗

花生宜在0～5厘米地温稳定在15℃以上，土壤含水量确保65%～70%。花生春播时间应掌握在4月25日至5月10日。夏播时间应在 6 月 15 日前，花生应抢时早播。

（六）控杂草、防病虫

重点采用播后苗前封闭除草措施，兑水喷施 96% 精异丙甲草胺（金都尔）或 33% 二甲戊灵乳油（施田补）。出苗后阔叶杂草和莎草的防除，应于杂草 2～5 叶期可用灭草松（苯达松）喷雾，其他杂草喷施 5% 精喹禾灵等除草剂。

花生病虫害按常规防治技术进行，主要加强地下害虫、蚜虫、红蜘蛛、玉米螟、棉铃虫、斜纹夜蛾、花生叶螨、叶斑病、锈病和根腐病的防治。

（七）田间管理控旺长

花生出苗期及时打孔引苗，防止膜下花生烧苗，尤其是夏播花生。

遇旱（土壤相对含水量≤55% 时）及时灌水，采用渗灌、喷灌或沟灌。遇强降雨，应及时排涝。

当花生株高 28～30 厘米时，每亩用 24～48 克 5% 的烯效唑可湿性粉剂，兑水 40～50 千克均匀喷施茎叶，施药后 10～15 天，如果高度超过 38 厘米可再喷施 1 次，收获时应控制在 45 厘米内，确保植株不旺长。

（八）收获与晾晒

春花生在 70% 以上荚果果壳硬化、网纹清晰、果壳内壁呈青褐色斑块时，夏花生在大部分荚果成熟时，及时收获、晾晒。

花生收获可选用联合收获机或分段式收获机，提高效率。

三、适宜区域

全省适宜花生机械化播种产区。

四、注意事项

机械进行施肥、播种等作业时，尽量保持匀速，速度过快易造成施肥或种子空缺、断垄现象，速度过慢易造成肥料堆积，进而导致烧苗。

第四节　农机农艺配套

花生是我国重要的经济作物和油料作物。花生机械化程度较低，播种、收获环节用工量占 75% 以上，人工成本占 81% 左右。目前，花生机械化生产存在的主要问题是伤种率、漏种率、重播率高，残茬量大、伤膜严重、起垄困难，精量播种、覆土、施肥、喷药、覆膜的高效联合作业难以实现；联合收获损失率高、效率低，两段收获机械化技术水平较低。

针对播种和收获环节的突出问题，围绕单粒精播高产种植模式，以农机农艺融合为基础，以方法创新、技术突破、装备研发为技术路径，开展花生播种及收获装备研发，建立了花生全程机械化技术体系。

一、花生连作土壤机械化改良技术及装备

长期单一连续种植造成花生减产。有研究表明，连作一年花生减产 10% 以上，连续 3 年连作，减产 30% 以上。生产实践和试验研究表明，"土层翻转改良耕地法"对解除作物连作障碍有着良好的效果，即把地表 0～30 厘米的土层与 30～60 厘米的土层进行置换，不仅改变了土壤的理化性状，又将地表杂草和有害病残株进行了深度掩埋。试验结果显示，对于花生连作障碍，土层翻转深耕 50 厘米，较常规耕深 20 厘米每亩增产 50.56 千克，增产 29.6%。针对土壤改良对土层翻转的机械需求，研发了土层置换式深翻犁（图 4-11），解决花生单一连作土层置换无机可用的问题。

图 4-11　土层置换式深翻犁

经山东省农业机械试验鉴定站检测，达到如下指标：作业幅宽 60 厘米（可调）；耕深稳定性变异系数 2.7%；耕宽稳定性变异系数 1.2%；碎土率（≤5 厘米土块）98.1%；地表以下植被和残茬覆盖率 95%；8 厘米以下植被和残茬覆盖率 87.5%；入土行程 4.8 米；作业速度 9.7 千米 / 时，作业效果见图 4-12。经山东农业机械学会专家组评价一致认为，土层置换式深翻犁整体技术居国际先进水平，可有效提升土壤改良生产装备技术水平。

图 4-12　作业效果

二、花生单粒精播技术及装备

花生单粒精播技术，改传统双粒穴播为机械单粒穴播，能够培育健壮个体，稳定群体生长，充分发挥单株生产潜力，具有降低作业强度、稳产增产、节本增效的效果，连续多年被山东省列为花生生产主推技术之一。与花生单粒精播技术相配套的气吸式花生膜上单粒精密播种机（图 4-13）不仅能够满足播种农艺要求，还集施肥、旋耕、起垄、铺膜、膜上打孔穴播、种行覆土、镇压等功能于一体，作业效率大大提高。该机配套动力 65 千瓦以上，作业速度 3～5 千米 / 时，单粒率 90% 以上，空穴率≤2%。

图 4-13　气吸式花生膜上单粒精密播种机

三、花生收获技术及装备

从花生晾晒角度和较少损失率角度考虑，花生适合分段收获。首先使用花生挖掘机完成花生的挖掘、碎土、抖土和集垄铺放等工序。所研发的花生挖掘机（图4-14）作业幅宽80~100厘米，花生落果率（含埋果）<3%，花生果破损率<2%，花生秧果抖土干净，秧果带土少，花生秧果成垄铺放整齐；收获作业后，地表较平整，无漏收、无机组碾压作物等现象。花生挖掘后，花生秧果在田间成垄铺放晾晒3~5天后，使用花生捡拾摘果机一次完成花生秧果的捡拾、摘果、清选、集果和集秧等工序。

图4-14　花生挖掘机

四、玉米花生复合种植一体化播种技术及装备

为满足间作种植模式对农机装备的需求，设计研发了玉米花生间作播种机（图4-15），一次进地完成施肥、旋耕、起垄、

花生铺膜、花生膜上打孔穴播、玉米播种、镇压等作业工序，提高了不同作物同时播种作业效率。

图 4-15　玉米花生间作播种机

第五章

费县花生油加工现状

依托花生种植大县的优势，费县孕育了费县中粮油脂工业有限公司等花生加工企业。本章将详细展示费县花生油加工技术。

一、费县中粮油脂工业有限公司简介

费县中粮油脂工业有限公司，位于全国油料百强县山东省临沂市费县，于 2004 年 10 月建成投产，占地面积近 300 亩，总投资 6 000 万元，主要从事花生、芝麻压榨、包装油灌装和注塑吹塑产品生产销售（图 5-1）。

图 5-1　费县中粮油脂工业有限公司厂区

105

作为中粮集团油脂业务版块唯一以花生油为主业的生产加工企业，费县中粮油脂工业有限公司创新业务经营模式，将党建建在产业链上，不断促进花生产业高质量发展：在品种选育、种植链，通过"企业＋基地＋农户"和良种、良法集成示范繁育模式，推进新品种花生的区域性规模化种植；在油品质量提升链，采用中国传统"土榨十法"与现代工艺相结合的新型压榨工艺，武火成香、扬烟锁香、釜屉蒸香，最大限度地保留花生最原本、地道的香味，生产的福临门沂蒙土榨花生仁油入选"中国好粮油"；在产品研发、品质管控链，拥有11项专利，构建起从田间到餐桌的全程可追溯管控体系，有效控制黄曲霉素和重金属的同时，全面保留花生油的天然营养成分。生产的福临门沂蒙土榨花生仁油入选"中国好粮油"（图5-2）。

图 5-2　生产的花生油

目前，公司花生日压榨能力 810 吨、芝麻日加工能力 30 吨、小包装油日灌装能力 2 万箱，注塑产品日生产能力 100 万只，仓储总容量达 7 万余吨。

身为全国放心粮油示范加工企业、山东省农业产业化重点龙头企业、山东粮油行业领军企业和山东省高端品牌培育企业，费县中粮油脂工业有限公司正传承沂蒙精神、践行中粮担当，向着"致力于生产中国最好的花生油"的目标勇毅前行。

费县中粮油脂工业有限公司在费县建设花生种植基地。2021—2023 年，山东省农业科学院农作物种质资源研究所的李新国研究员和山东省花生研究所的王明清副研究员多次到费县中粮油脂工业有限公司，针对公司发展需求，给公司引进甜花生、高油酸花生等新品种，协助建设了数百亩甜花生示范基地和高油酸花生示范基地，并共同制定花生生产相关的技术规程，共同推进生产加工的提质升级。

二、传统的花生油加工技术

（一）作坊古法花生油压榨缺陷

一是原料虽手工挑选，颗粒饱满，但无法完全剔除内霉粒等，黄曲霉毒素无法控制；二是工艺简单，榨出来的油含有水分和杂质，烹饪过程中容易起沫、起烟，会产生有害物质苯并芘；三是储存条件差，室温、光照等因素不稳定，且多用塑料桶储存，长时间使用会产生异味，塑化剂大量析出、升高；四是检验化验条件差，多靠感官鉴定，农残等指标无法控制，难以有效保证油品质量（图 5-3）。

图 5-3　采购的优质花生原料

（二）现代普遍的工业化花生油加工工艺流程

筛选—破碎—压胚—蒸炒—压榨—过滤。虽能有效控制黄曲霉毒素、去除水分和杂质，但一来采购原料质量指标参差不齐，导致原料"鱼龙混杂"；二来压榨环节易过度加工，影响了花生油风味、香味，一些天然的营养物质也在加工过程中流失（图 5-4）。

三、费县中粮油脂工业有限公司的花生油加工技术

经过多年的实践和探索，费县中粮油脂工业有限公司传承土榨工艺精髓，结合中粮现代科技，还原土榨十法各步骤制油

图 5-4　花生油压榨生产线

的功效，精选沂蒙山当季沙土大花生，采用分级、色选、去红衣的原料技术，只取白果仁压榨，去除了红衣中黄曲霉素（高致癌物黄曲霉素主要来源自霉变的花生红衣），远离了红衣榨油焦糊味，同时结合炒籽、锁香、蒸胚技术，武火成香、扬烟锁香、釜屉蒸香三步最大限度地保留花生油风味物质，保留了坚果原香和天然营养，奉献安全、健康、营养、美味的花生油。该项技术也被评为山东省企业品牌创新优秀成果。

以下是费县中粮油脂工业有限公司"一粒花生仁到一滴三好油 43 606 分钟的旅程"（图 5-5）。

（一）扦样鉴质量

在花生收储监督岗的见证下，10 分钟后花生仁被自动扦样设备随机选出，接受"入职体检"。

图 5-5　费县中粮油脂工业有限公司花生油灌装生产线

（二）化验定品质

在产品创研中心，40 分钟的感官＋理化检验，全面化验花生仁含油、水分、酸价、黄曲霉等指标，不达标则被"拒之门外"。

（三）精筛除杂，粒粒精选

合格的花生仁来到筛选车间，约 6 分钟清理后筛选分级，PLC 数字化工艺控制系统再对分级原料进行 4 分钟的色选精选，彻底清除霉变粒、皮果、发芽粒、杂质等除原料以外的物品，只有"真真正正、干干净净"饱满的花生仁才能用于福临门沂蒙土榨花生仁油的生产。

（四）去除红衣，只取果仁

经过 40 分钟的烘烤、冷干，去除红衣、只取果仁，去除了红衣中黄曲霉素，远离了红衣榨油焦糊味，脱红衣工序只专属于福临门家香味沂蒙土榨花生仁油。

（五）三重提香，好"仁"飘香

传承土榨十法工艺精髓，结合中粮现代科技，武火成香、扬烟锁香、釜屉蒸香三步 62 分钟，有效提升花生油风味、最大限度保留花生油营养物质。

（六）唯取头道，滴滴浓香

通过隔膜滤油机和 PLC 自动过滤系统，精准管控油品过滤温度、液位、压力等参数，一滤 180 分钟后沉降 43 200 分钟，再二滤 60 分钟，唯取头道、无杂无渣，花生油金黄馥郁、滴滴香浓。

（七）精致灌装，锁住原香

吹瓶、贴标、灌装、压盖、喷码、压把、装箱、封箱、码垛入库……全过程全封闭、全自动、全流程质量监控，在自动智能视觉在线检测和液氮加注技术的加持下，仅需 4 分钟，精致灌装，锁住原香。

第二节 费县运丰花生种植专业合作社简介及花生油加工技术

一、费县运丰花生种植专业合作社简介

费县运丰花生种植专业合作社，成立于 2009 年，是一家集花生种植及花生油加工于一体的专业化企业，位于中国长寿之乡——费县（图 5-6）。该合作社是山东省 5A 级农业花生种植重点扶持示范社。采用纯手工古老的压榨工艺生产花生油，品牌是"桃花岭"花生油。生产的优质花生油具有以下 3 个优势。

图 5-6 在费县运丰花生种植专业合作社建设花生种植示范基地

1. 环境优良的花生种植基地

本合作社拥有数千亩的"桃花岭"花生种植基地。该基地依山傍水，北邻天然蒙山氧吧，采用无污染的山泉水灌溉。

2. 优质花生原料

采用山东省花生研究所培育的花生新品种，花生种子好；采用花生病虫害绿色防控技术；经过严格筛选，使用没有黄曲霉毒素污染的花生原料生产花生油。

3. 优质的花生油加工工艺

采用纯手工古老的压榨工艺生产花生油，品牌是"桃花岭"花生油。

山东省花生研究所的王明清副研究员在 2022 年 4 月至 2023 年 8 月，担任该合作社的科技副总，引入了新的花生品种和花生单粒精播技术，提高合作社的花生产量；通过开展技术培训，宣传新的花生种植技术，并解决农民花生种植中的技术问题；通过改进花生油加工工艺，提高合作社的花生油加工品质；通过引入电商直播，增加合作社的花生油销售量。

二、费县运丰花生种植专业合作社的花生油加工技术

（一）花生原料的筛选和粉碎

购买花生米，把花生米中的石子等杂质挑选出去，并把发霉的花生挑拣出去，避免霉变的花生进入花生油。使用粉碎机粉碎花生米，把花生米破碎成花生碎。

（二）花生的蒸炒和榨油车间

将花生碎加入大炒锅中，加入一定量的水，进行蒸炒，确保不要炒煳，当花生碎中水分被炒干，花生碎变成金黄色，完成蒸炒。蒸炒是榨油中的重要一步，火候很重要，如果花生碎没有炒熟，压榨出的油不香，并且出油率也会降低；但是如果炒过了就会失去花生油的香味。

完成蒸炒的花生碎转移到榨油机中，经过压榨生产出花生油毛油和花生饼。将毛油转移到贮存罐中备用；将花生饼装到包装袋中，销售给动物饲料公司（图5-7）。

图 5-7　蒸炒和榨油车间

（三）花生油过滤、储藏、灌装

花生油毛油经过冷却处理，然后使用过滤机进行过滤，去除花生油中的杂质，生产出花生油，将花生油暂存在储藏罐中，后续经过灌装设备进行花生油的灌装（图5-7、图5-8）。

图5-8　花生油过滤和储藏车间

图 5-9　生产的"桃花岭"花生油

第六章

产品销售典型模式

第一节 费县农产品主要销售模式

费县农产品主要销售模式包括农村大集、送货上门、批发市场、商超、专卖店、电商等。

一、农村大集

费县是农业大县，农村人口较多，传统的农村大集是农产品的主要销售方式。有的农民带着自己生产的农产品到集市销售，有的商人到批发或收购农产品，然后到农村大集销售农产品。

二、送货上门

费县运丰花生种植专业合作社成立于 2009 年，是一家集花生种植及花生油加工于一体的专业化企业，位于费县上冶镇。该合作社是山东省 5A 级农业花生种植重点扶持示范社。该合作社生产花生油品牌是"桃花岭"，面对的客户主要是餐饮、企事业单位食堂、学校餐厅等。该合作社的花生油主要采用送货上门的方式进行销售。

第六章 产品销售典型模式

三、批发市场

批发市场目前是农产品销售的主要方式。批发市场模式简单，产品流转到集散地，然后再到农贸市场，最后到消费者的手中。该销售方式以大宗农产品为主，如白菜、大蒜、花生、西瓜、苹果等，交易具有明显的季节性。

四、商超

商超具有规模化、连锁化、集约化的特征，进入的门槛较高，主要销售品牌类的产品。一些农产品会在超市销售，如花生油、花生米及多种花生加工产品等。

五、专卖店

通过专卖店成就一些品牌，有的农产品采用专卖店方式进行销售，如费县黄金天然鲜腐竹专卖店、费县左三姐石磨面粉店等。但是近几年有些专卖店生存力开始下降，面临成本的冲击，房价上涨的压力、人工成本上涨、电商销售等，让专卖店的销售额成本不成比例。

六、电商

电商是大家普遍关注的销售方式。通过电商销售农产品的方式主要有 B2C 和 C2C。B2C 是企业面向消费者，这个方式受到企业和消费者的广泛关注，很多企业大力发展电商。C2C 模式是农产品生产者自己在网上开店，直接把农产品卖给消费者，实际上是小农经营方式的网络化体现。

第二节　费县农产品销售新模式探索

"农产品 + 网红直播 + 电商平台"营销模式。互联网催生了很多的新型经济模式，网红经济便是其中的一种。这里的网红可以是名人明星，可以是当红网络主播，也可以是卖家自己打造的"村红"。

通过网红直播 + 电商平台进行农产品营销的 3 个步骤：第一，策划营销活动，并邀请网红参加。第二，需要网红在线直播自己对农产品的体验感觉，农产品是什么样的，什么味道的，自己觉得如何。第三，在电商平台，如淘宝、京东，同步开始产品销售。

第七章

应用效果与效益

第一节　品种更新与技术集成

集中筛选出适宜于费县生态条件、生产发展现状的高产优质花生品种，推动品种、品质迭代升级。

针对费县花生生产中存在品种单一、品质老化退化、抗逆稳产性差等问题，选择当前主推的和新育成的化育等系列花生品种，在费县开展多点品种试验示范和品质分析，筛选出适宜于油料加工的花育 22、花育 25 号、花育 33、花育 60、花育 9510、丰花 1、山花 7、山花 9 等高产花生品种，解决了当地原有品种抗逆稳产性差、品质不高、产量低等问题，显著提高了花生单产水平；筛选出适宜于费县种植的花育 951、花育 958、花育 910、花育 917 等高油酸花生品种，实现了花生产量和油料品质的协同提升；针对消费者对特色花生品种的需求，引进了黑花生和甜花生等花生品种，并进行规模性试验示范，取得良好示范效果，为满足花生产品的多样化消费需求和花生产品市场化开发提供了品种支撑。

在山东省农业科学院花生高产攻关示范带动下，构建了适宜于费县生产的"八项技术"集成应用花生提质增效栽培技术模式。

山东省农业科学院在费县实施"三个突破"工作以来，2021—2023 年连续 3 年在费县建设花生高产攻关示范田，创造亩产 652.8 千克花生的费县纪录，并示范花生带状轮作复合种植等技术。在示范带动下，根据各乡镇建设绿色高质高效创建项目，通过对良种、良法、良制、良机的融合配套技术示范应用情况进行关键技术优化，集成了适宜于费县不同生态条件的花生提质增效栽培技术模式。

针对费县春季气温不稳、春夏降水量较少、花生田土壤肥力较低、种植密度偏低等问题，优化种植制度，大力推广花生连作高产栽培技术，重点抓好轮作换茬、增施有机肥和生物肥等长效肥料、深耕翻、防治病虫害等关键技术措施，培肥地力，稳定了春花生种植面积。改善生产条件，重点抓好配方施肥、适期足墒播种、地膜覆盖等关键技术措施，提高资源利用率。针对品种单一、品质老化等问题，通过品种筛选、单粒精播、优化水肥、中耕培土等措施集成应用，优化群体质量，提高花生高产潜力。大力推广高油酸花生等优质专用品种，提升"山东大花生"品牌，逐步满足花生产业油用、食用、出口等不同用途对花生品质的差异化需求新品种，提高花生内在品质和抗氧化能力，培育形成具有较强市场优势的特色花生主产区。为解决防治地下害虫多次施药问题，大力推广花生微胶囊杀虫、配合使用适乐时包衣技术、花生研究所研发的蛴螬等绿色防控技术，防治蛴螬、白绢病和根腐病的效果达80%以上，减少用药2次；推广烯唑醇等唑类杀菌剂，防病又控旺，实现省时省工节药的目标，效期长、防治效果好，确保花生生产产地"生态"、产品"安全"。抓好花生高产生产基地建设，建立良好种植、绿色防控和质量追溯制度，规范生产管理，确保质量安全。通过严格执行机械播种作业规程，注重把握播种机调整和操作技能，增强农机农艺融合度，大力推进花生起垄、播种、施肥、喷洒除草剂、覆膜、膜上覆土等工序的全过程机械化生产，提高花生生产效率。

通过良种良法集成应用、良机良艺融合推动，创新集成了适宜于费县花生生产的"八提高"花生提质增效技术模式，建立了百亩技术示范田，集中示范了花生单粒精播节本增效高产栽培技术、花生带状轮作复合种植技术、测土配方施肥、有机肥替代、种子包衣、绿色防控、统防统治、水肥一体化等关键技术，集成了优质花生丰产技术模式，比对照田增产 12.58%以上。

第二节　创建示范推广模式

创建了费县"四联四动"花生提质增效技术示范推广模式。作为山东省农业科学院"三个突破"战略的示范县，费县与山东省农业科学院不断深化院地合作，通过联合项目整合资金、联合专家整合资源、联合企业扩大规模、联合媒体强化宣传，不断加强成果转化和示范推广力度，形成了政府推动、示范带动、科企联动、媒体互动的具有费县特色的"四联四动"示范推广模式，有力推动了费县花生提质增效，加快了费县花生产业高质量发展。

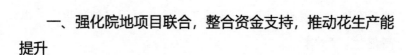

一、强化院地项目联合，整合资金支持，推动花生产能提升

一方面，通过乡村振兴重大专项资金、基层农技推广体系改革与补助项目资金、耕地地力保护补贴资金、高标准农田建设资金、粮油绿色高质高效项目资金等项目资金整合，完成高标准农田8万多亩水肥一体化建设，为费县耕地地力水平提升、优良品种全覆盖以及新技术成果快速转化落地提供了资金保障；山东省农业科学院依托院创新工程等项目和人才优势，在费县开展花生品种、技术示范，为提升费县花生生产技术水平提供了资金、技术和人才保障（图7-1、图7-2）。

图 7-1　山东省农业科学院专家到费县花生高产示范基地调研

图 7-2　费县农技推广中心专家到花生技术示范田调研

　　另一方面，通过开展花生生产新技术试验示范工作，为费县花生生产可持续发展提供了强有力的技术支撑，取得了良好的示范效果，节本增效显著。2012 年，实施巴斯夫施乐健产品在花生上试验示范项目，亩产荚果 542.8 千克，比常规使用（40% 多菌灵）494.3 千克增产 48.5 千克，增产 9.8%；实施费县花生专用控释肥试验示范项目，亩施 75 千克控释肥较亩施75 千克普通肥料亩增荚果 53.7 千克，增产 11.74%；实施费县花生单粒精播高产配套技术示范推广项目，覆盖 2 个乡镇的 13 个行政村、3 848 户，面积 10 543 亩；实施了花生不同模式栽培试验项目，进行双粒双行、单粒双行、多粒单行 3 种栽培模式对比试验；实施了花生新品种展示试验项目，筛选花育 25 号、花育 33、花育 60、山花 7、山花 9、精选海花一号等高产花生新品种，为适合费县种植的优质、高产花生品种，鉴定和评价费县引进的花生新品种的丰产性、稳产性和抗逆性，为大面积推广提供科学依据。2021—2023 年连续 3 年在费县建设花生高产攻关示范田，创造亩产 652.8 千克花生的费县纪录，切实做到了花生良种全覆盖、关键措施全到位，确保花生丰收。

二、强化院地联合，组建费县花生产业链，推动服务产业能力提升

以"三个突破"指挥部、挂职专家为桥梁和纽带，组建了由山东省花生研究所、山东省农业科学院农作物种质资源研究所、临沂市农业科学院花生所、费县农技中心及各乡镇农技站科技人员组成的费县花生产业链技术服务团队，在费县东蒙镇、胡阳镇、薛庄镇、梁邱镇、费城街道、探沂镇、大田庄乡等乡镇设立花生技术示范田 12 处，在东蒙镇武家汇村、上冶镇大仲口村建立千亩示范方 2 处，开展了花生品种展示与比较试验、耕作播种方式试验等，并进行技术指导和示范推广（图 7-3、图 7-4）。以山东省农业科学院的花生系列新品种和高产高效技术为示范技术，结合各地的生产实际，进行关键技术优化和技术模式集成。在示范中，不断强化院地科研、技术人员的交流与合作，及时发现生产实际问题，加以解决；在技术服务指导中，发挥费县近 200 人的县乡一体技术推广队伍的规模优势，实现对每个乡镇示范点的点对点技术服务，在关键时间节点，开展技术宣传、培训和作业演示，确保团队人员交流畅通、技

术宣传及时到位、示范技术快速转化、关键技术落实到位，取得了显著成效。费县每年制定花生春种技术意见和花生夏季管理技术意见，针对当季花生生产，并在管理过程中，及时提出生产管理和防灾减灾技术指导措施，2023年制定了《费县"科技壮苗"专项行动实施方案》，有力保障了花生稳产增收。

图 7-3　费县花生产业链专家开展花生生产技术指导与培训

图 7-4　费县花生产业链工作推进会

第七章　应用效果与效益

三、强化与企业、合作社联合，扩大新品种种植规模，推动花生产业持续发展

利用费县优良的花生生产的资源禀赋，积极与油料加工企业费县中粮油脂工业有限公司、费县运丰花生种植专业合作社和山东威振油脂有限公司，供种企业兰陵县垦星种业有限公司，生产服务企业临沂鸿瑞达农业科技有限公司、费县金丰公社农业服务有限公司、费县聚鑫农业种植专业合作社、费县蒙阳农业机械有限公司、费县顺和农机化种植专业合作社等单位合作，开展优质花生订单生产，推进规模化生产基地建设，以需求带动规模化生产，以效益推动品种技术更新。引导和推动涉农企业、种粮大户等发展，实现"统一供种、统一耕种、统一防治、统一水肥、统一机收"，推动费县花生从优质专用新品种、新技术创新与推广、规模化和标准化生产、精深加工产品开发与特色品牌打造等，实现费县花生全产业链协调发展，推动了农户增产增收、企业健康发展。期间，费县聚鑫农业种植专业合作社等一批党支部领办合作社快速发展壮大，技术服务水平和服务能力显著提高。

山东省花生研究所王明清副研究员与费县运丰花生种植合作社建立"利益共同体"，以 10 万余元入股该合作社；山东省花生研究所食品工程创新团队与费县运丰花生种植合作社建立"科企创新联合体"，解决合作社技术难题，立项项目 3 个，立项总经费 79 万元；2023 年王明清副研究员帮助合作社争取到 1 200 多

平方米的生产建设用地，9 月新产区已经开工建设。通过"利益共同体"和"科企创新联合体体"的支持，2023 年该合作社种植的 150 亩花生，增加收入 10 万余元；解决合作社花生油加工中的问题，通过提高花生油品质，增加销售收入（图 7-5）。

图 7-5　签订企业科企创新联合体和订单生产协议

四、强化与媒体联合，拓宽宣传渠道，加快新产品新技术应用

（一）发挥政府网站和微信公众号等的宣传作用

每年，费县农业技术推广中心在关键时间节点，在政府网站发布花生春种技术指导意见、花生管理技术指导意见等信息，让农户及时了解新品种、新技术和新产品，并做好相应的生产管理。对于手机用户，充分利用费县农业农村公众号，宣传农业科技政策、花生生产管理技术、病虫草害预测预报及防控技术、抗逆减灾技术等，提高了花生生产技术普及率。期间，累计发布各类花生信息52次，为花生技术成果的大面积推广应用奠定了基础。

（二）提高技术培训和现场观摩会的针对性

坚持用户技术需求和生产问题导向。在播前期、苗期、团棵期、开花期、荚果膨大期、收获期等关键时间节点，山东省农业科学院专家围绕费县各地花生生产中存在的关键问题，有针对性地开展技术培训和现场观摩会，先后组织花生丰产增效及智慧农机作业现场观摩暨培训会、花生新品种新技术田间课堂、花生病虫害防控现场会等20余场次，从种子化肥选用、农机选型、整地播种、田间管理等花生生育全过程，进行跟踪指导服务，让农户通过技术对比和亲身感受熟悉了解花生单粒精

播、测土配方施肥、有机肥替代、种子包衣等技术的效果，真正了解、认识和接受新技术，并成为示范技术推广的践行者。

期间，山东省农业科学院专家累计培训基层农技人员350余人次，种植大户和农民3 600余人次，花生秧膜分离机、2BF-18型动力耙、北斗高精度定位无人驾驶拖拉机等机械设备得到种植大户，特别是农机手的认可（图7-6）。

图7-6　山东省农业科学院专家送花生技术下乡

（三）多措并举推广和宣传花生生产管理技术

充分利用电视、广播、宣传车、自媒体、横幅标语和发放技术资料等多种形式进行花生技术成果广泛宣传。相关活动和技术成果通过央视新闻联播、科技日报、山东新闻联播、山东乡村广播、齐鲁频道、大众网、齐鲁网、临沂电视台、费县电视台等新闻媒体进行广泛宣传，让群众及时方便地了解和掌握花生新技术（图7-7）。

图 7-7　央视新闻和山东卫视农科频道相关报道

第三节　应用效果

通过技术示范推广，辐射带动费县花生生产技术明显提升，花生产量明显提高。自2019年费县被山东省农业科学院列为"三个突破"重点县以来，通过院科技专家驻镇、村包点，帮助建立新技术、新品种示范基地，开展新技术、新品种现场培训会，联系知名农产品加工企业直接到户收购等各种措施，提高农民收入、农业科技水平，打通农产品产前、产中、产后全产业链，实实在在为农民服务。3年来，良种覆盖率、机械化率提高了15%，新技术、新品种示范面积提高了20%，全县农产品品牌增加了20%，农产品经营收入增加10%以上。在东蒙镇、梁邱镇、上冶镇、薛庄镇、胡阳镇、石井镇等乡镇创建春花生高产攻关田12处，示范田3万亩，辐射田10万亩，累计示范推广花生提质增效技术62万亩，增收花生2 697万千克，累计新增利润16 182万元；培育种植合作社等新型农业经营主体8个，培训基层农技人员350余人次，种植大户和农民3 600余人次，发放技术培训材料20 000多份、技术宣传手册300多份。2019—2022年，费县中粮油脂工业有限公司累计生产优质花生油330 677万吨，累计新增销售额482 144万元，新增利润16 200万元，提供就业岗位294个。2020年以来，费县运丰花生种植专业合作社增加销售额1 960万元，新增利润160万元；取得显著的经济和社会效益（表7-1）。

表 7-1　花生产业助力效果

指标	单位（取值）	2019 年	2022 年
家庭花生产业经营收入	元（户）	2 400	2 700
种植业花生良种覆盖面积	亩	123 000	142 000
花生生产机械化覆盖面积	亩	80 000	90 000
花生种植新技术、新品种示范面积	亩	50 000	70 000
县拥有的花生农产品品牌数	个	2	4
县花生农产品就地加工率（农产品在本镇完成去籽、净化、分类、剥皮、沤软或大批包装等初级加工或精深加工的产量 / 总产量）	%	70	80
县农产品网络零售额	万元（年）	800	1 000

附　录

1.《花生超高产栽培技术规程》（T/SAASS 35—2022）

2.《花生播种质量提升技术规程》（T/SAASS 36—2022）

3.《夏直播花生优质高产栽培技术规程》（T/SAASS 37—2022）

4.《花生红衣原花青素提取技术规程》（T/SAASS 75—2022）

5.《花生优化种植模式高产高效栽培技术规程》（T/SAASS 77—2022）

6.《花生全程可控施肥技术规程》（T/SAASS 89—2023）

7.《春花生"两减一增"绿色高效栽培技术规程》（T/SAASS 90—2023）

8.《花生膜上打孔穴播技术规范》（T/SAASS 96—2023）

9.《玉米花生间作播种机》（T/SAASS 97—2023）

10.《花生米取样技术规程》（T/SAASS 153—2024）

11.《复合微生物土壤调理剂制备及检验检测方法》（T/SAASS 154—2024）

T/SAASS 35—2022

1. 花生超高产栽培
技术规程

ICS 65.020.20

CCS B 05

T/SAASS

团 体 标 准

T/SAASS 35—2022

花生超高产栽培技术规程

Technical regulations for Super high yield cultivation of peanut

2022-04-30 发布　　　　　　　　2022-04-30 实施

山东农学会　　发　布

前　　言

本文件按照 GB/T 1.1—2020《标准化工作导则　第 1 部分：标准化文件的结构和起草规则》的规定起草。

请注意本文件的某些内容可能涉及专利。本文件的发布机构不承担识别专利的责任。

本文件由山东省农业科学院提出。

本文件由山东农学会归口。

本文件起草单位：山东省农业科学院、泰安市农业科学院、济宁市农业科学院、莒南县农业农村局、舜花生物科技（山东）有限公司。

本文件主要起草人：张佳蕾、万书波、郭峰、张正、李新国、王建国、唐朝辉、李文金、马登超、康涛、杨佃卿、李元高。

花生超高产栽培技术规程

1 范围

本文件规定了花生超高产栽培的品种、地块选择以及施肥整地、种子精选包衣、播种、田间管理、收获等技术措施产地环境要求和种植管理措施。

本文件适用于黄淮花生产区高肥力地块春花生生产。

2 规范性引用文件

下列文件中的内容通过文中的规范性引用而构成本文件必不可少的条款。其中，注日期的引用文件，仅该日期对应的版本适用于本文件；不注日期的引用文件，其最新版本（包括所有的修改单）适用于本文件。

GB 5084　农田灌溉水质标准

GB/T 8321（所有部分）　农药合理使用准则

NY/T 855　花生产地环境技术条件

NY/T 1276　农药安全使用规范总则

NY/T 2393　花生主要虫害防治技术规程

NY/T 2394　花生主要病害防治技术规程

NY/T 2401　覆膜花生机械化生产技术规程

NY/T 2404　花生单粒精播高产栽培技术规程

NY/T 2406　花生防空秕栽培技术规程

NY/T 2407 花生防早衰适期晚收高产栽培技术规程

3 术语和定义

下列术语和定义适用于本文件。

3.1 花生超高产 super high yield of peanut

荚果亩产荚果 700 kg 以上。

4 品种选择

选用已通过省或国家审（鉴、认）定或登记增产潜力大综合抗性好的中晚熟品种。

5 地块选择

地块环境条件要符合 NY/T 855 要求，且选择 2 年内未种过花生或其他豆科作物的生茬地，土层厚度超过 50 cm，结实层不低于 20 cm，土壤类型为肥沃的轻沙壤土。地势平坦、灌溉设施齐全，排涝方便。

6 施肥整地

6.1 冬耕或早春耕 30 cm，耕前每 667 m² 基施腐熟有机肥 3 000 kg（或优质商品有机肥 300 kg）、三元复合肥（15-15-15）70 kg、钙镁磷肥 50 kg。播种前撒施缓释肥 30～50 kg、微生物肥（有效活菌数 >2 亿 /g）20 kg 和适量微量元素肥，随后旋耕 1～2 次。做到深施、匀施、分层施，培创深、松、肥的花生高产土体。

6.2 旋耕前施入毒死蜱、辛硫磷等杀虫剂，防治地下害虫。杀虫剂的使用应符合 GB/T 8321（所有部分）和 NY/T 1276 要求的。

7 精细选种

7.1 脱壳前晒果 2 d，人工脱壳，或者机械脱壳。精选籽粒饱满、活力高、大小均匀一致、发芽率≥95 % 的作为种子。

7.2 用高效低毒的杀虫剂、杀菌剂、壮苗剂混合拌种或包衣，随拌随用。拌种剂的使用应符合 NY/T 1276 要求。

8 精准播种

8.1 适时适墒播种

适宜播期在 4 月 20 日至 5 月 5 日。耕作层土壤相对含水量为 65 %～70 %。

8.2 播种规格

垄距 80～82 cm，垄面宽 50～52 cm，垄高 5～10 cm。垄上种 2 行花生，小行距 28～30 cm，穴距 10～11 cm。单粒播种，播深 3～4 cm，每 667 m² 播种 14 700～16 200 粒。

播后覆土，喷施除草剂，随即覆盖厚度为 0.008～0.01 mm、宽度为 85～90 cm 的地膜，膜上播种带压土 2～3 cm。应使用性能优良的单粒精播机，所有作业一次性完成，按照 NY/T 2401 和 NY/T 2404 的要求。除草剂的施用符合 NY/T 1276 的要求。

9 田间管理

9.1 前期管理

9.1.1 及时引苗

在花生幼苗顶土时，要及时在苗穴上方将地膜撕开一个小孔（孔径 2～3 cm），把花生幼苗从地膜中释放出来，避免地膜内湿热空气将花生幼苗灼伤。4 叶期之前及时把侧枝理出，避免压在膜下，影响壮苗发育。

9.1.2 防治害虫

花生苗期若遇干旱，容易产生蚜虫、蓟马，发现为害用杀虫剂进行防治。杀虫剂的施用应符合 GB/T 8321（所有部分）和 NY/T 1276 的要求。

9.1.3 中耕除草

及时对花生畦沟进行中耕，消除杂草为害，提高土壤的通透性，促进根系下扎，控制地上部旺长。

9.2 中期管理

9.2.1 病害防控

应于病害发生前或发病初期（从始花期开始）每隔 15 d 左右叶面喷洒 1 次，连续喷 3～4 次。也可灌根，防治根腐病、茎腐、疫病等引起的死棵。杀菌剂的施用应符合 GB/T 8321（所有部分）和 NY/T 1276 的要求，或按照 NY/T 2394 的要求进行防治。

9.2.2 虫害防控

棉铃虫、菜青虫、斜纹夜蛾等为害叶片时，喷施杀虫剂，保证虫叶率不能超过 5 %。若有蛴螬为害，要在花生封垄前，把喷雾器卸去喷头，用药液灌墩，消灭当年在花生结果层产卵孵化的幼小蛴螬。杀虫剂的使用应符合 GB/T 8321（所有部分）和 NY/T 1276 的要求或按照 NY/T 2393 的要求进行防治。

9.2.3 分次化控

花生封垄后主茎高度达到 30～32 cm 时，用植物生长抑制剂在植株顶部喷洒，第一次宜减量。若仍有徒长趋势时，可以连喷 2～3 次，收获时以主茎高 45～50 cm 为宜。植物生长抑制剂的施用应符合 GB/T 8321（所有部分）和 NY/T 1276 的要求。

9.2.4 补水排涝

如果天气持续干旱，应在早上或傍晚进行喷灌，使土壤相对含水量达到 60 %～65 %，灌溉用水水质应符合 GB 5084 要求。若持续下雨，应及时清沟排水。

9.3 后期管理

9.3.1 防止脱肥早衰

在饱果中后期（收获前 1 个月），每 667 m² 喷施 0.3 % 的磷酸二氢钾水溶液 50 kg 和其他微量元素叶面肥等 2～3 次，间隔 7 d，保证生长期超过 140 d。叶面肥应满足 NY/T 496 要求，或根据 NY/T 2406 和 NY/T 2407 的要求进行。

9.3.2 增湿排涝

收获前遇旱要提前 4～5 d 小水润灌，增加饱果率，便于收获。若持续下雨形成涝害，应及时清沟排水。

9.3.3　适期晚收

植株表现为自然衰老（顶端停止生长，上部叶和茎秆变黄，基部叶片枯落）、80％荚果网纹清晰、果壳硬化、内壁变成青褐色时方可收获。

T/SAASS 36—2022

2. 花生播种质量提升

技术规程

ICS 65.020.20
CCS B 05

T/SAASS

团 体 标 准

T/SAASS 36—2022

花生播种质量提升技术规程

Technical regulations for improving peanut sowing quality

2022-04-30 发布　　　　　2022-04-30 实施

山东农学会　　发 布

前　　言

本文件按照 GB/T 1.1—2020《标准化工作导则　第 1 部分：标准化文件的结构和起草规则》的规定起草。

请注意本文件的某些内容可能涉及专利。本文件的发布机构不承担识别专利的责任。

本文件由山东省农业科学院提出。

本文件由山东农学会归口。

本文件起草单位：山东省农业科学院、山东农业大学。

本文件主要起草人：张佳蕾、万书波、康建明、王建国、张正、刘兆新、李新国、郭峰、唐朝辉、高华鑫、杨莎、刘珂珂、刘译阳、李国卫。

花生播种质量提升技术规程

1 范围

本文件规定了提升花生播种质量、提高壮苗率的技术措施与要求。

本文件适用于春花生和夏直播花生生产。

2 规范性引用文件

下列文件中的内容通过文中的规范性引用而构成本文件必不可少的条款。其中，注日期的引用文件，仅该日期对应的版本适用于本文件；不注日期的引用文件，其最新版本（包括所有的修改单）适用于本文件。

GB/T 8321（所有部分） 农药合理使用准则

NY/T 496 肥料合理使用准则 通则

NY/T 855 花生产地环境技术条件

NY/T 1276 农药安全使用规范总则

NY/T 2401 覆膜花生机械化生产技术规程

NY/T 2404 花生单粒精播高产栽培技术规程

3 术语和定义

本文件没有需要界定的术语和定义。

4 精细选种

选用品质优良、增产潜力大和综合抗性好的品种。挑选均匀一致的荚果，充分晒干至含水量低于 8 %，低温干燥储存。剥壳前晒种 2～3 d，人工脱壳或机械脱壳，破损率控制在 5 %以内。脱壳后挑选饱满鲜艳、大小均匀一致、活力高的种子，剔除发霉、发芽或虫蛀的种子。播种前可进行发芽试验，发芽率达到 90 % 以上。

5 精确包衣

选用高质量的高效低毒杀虫、杀菌、壮苗剂混合后精细拌种，随拌随用。拌种剂使用应符合 GB/T 8321（所有部分）和 NY/T 1276 要求。

6 精致整地

精播花生田应符合 NY/T 855 的要求，土层厚度大于 50 cm、地势平坦、灌溉设施齐全，排涝方便。前茬作物要灭茬深耕，联合整地机作业，土壤松散细致平整。

7 精量施肥

肥料施用应符合 NY/T 496 要求。随冬耕或早春耕每 667 m² 基施商品有机肥 100～150 kg、三元复合肥（15-15-15）30～50 kg 和微生物菌肥（有效活菌数＞2 亿 /g）10～20 kg。播种前每 667 m² 撒施缓释肥 30 kg、钙镁磷肥 50 kg 作种肥，然后旋耕 1～2 次，做到深施、匀施、分层施。夏直播花生麦收灭茬后肥料一次性基施，用量适当减少，随后旋耕。

8 精准播种

8.1 播种时土壤相对含水量为 65 %～70 %。大花生宜在地表 5 cm 日平均地温稳定在 15 ℃以上、小花生稳定在 12 ℃以上、高油酸花生稳定在 18 ℃以上时播种。黄淮春花生 4 月 20 日至 5 月 10 日播种，麦茬夏花生 6 月 10—15 日播种。

8.2 垄距 80～85 cm，垄面宽 50～55 cm，垄高 5～10 cm。垄上种 2 行花生，垄上小行距 28～30 cm，播种行距离垄边 11～12.5 cm。穴距 10～12 cm，播深 3～4 cm，每 667 m^2 播种 13 000～16 000 穴，每穴播 1 粒，下种时种子宜顺着播种沟平放。播后在播种行上镇压，覆土 3 cm。播种和覆膜标准等按照 NY/T 2401 和 NY/T 2404。

8.3 沙性土和秸秆还田地块二次镇压，起垄后镇压 1 次，播种覆膜后在播种行上再镇压 1 次，同时覆土。

9 出苗管理

地膜覆盖花生出苗时要抠膜放苗，以免灼伤，4 叶期至开花前理出地膜下面的侧枝。露地栽培花生出苗时可进行清棵，使子叶节出土促进第一对侧枝早发快长。

T/SAASS 37—2022

3. 夏直播花生优质高产栽培技术规程

ICS 65.020.20

CCS B 05

T/SAASS

团 体 标 准

T/SAASS 37—2022

夏直播花生优质高产
栽培技术规程

Technical regulations for high quality and high yield cultivation
of summer direct seeding peanut

2022-04-30 发布　　　　　　2022-04-30 实施

山东农学会　　发 布

前　　言

本文件按照 GB/T 1.1—2020《标准化工作导则　第 1 部分：标准化文件的结构和起草规则》的规定起草。

请注意本文件的某些内容可能涉及专利。本文件的发布机构不承担识别专利的责任。

本文件由山东省农业科学院提出。

本文件由山东农学会归口。

本文件起草单位：山东省农业科学院、山东农业大学、泰安市农业科学院、舜花生物科技（山东）有限公司。

本文件主要起草人：万书波、张佳蕾、王建国、刘兆新、杨莎、唐朝辉、刘珂珂、高华鑫、张正、李新国、郭峰、李文金、康涛、张艳艳、李海东、陈建生。

夏直播花生优质高产栽培技术规程

1 范围

本文件规定了夏直播花生高产优质栽培产地环境要求和种植管理措施。

本文件适用于小麦、大蒜等茬口的夏直播花生生产。

2 规范性引用文件

下列文件中的内容通过文中的规范性引用而构成本文件必不可少的条款。其中，注日期的引用文件，仅该日期对应的版本适用于本文件；不注日期的引用文件，其最新版本（包括所有的修改单）适用于本文件。

GB 4407.2　经济作物种子　第 2 部分：油料类

GB 5084　农田灌溉水质标准

GB/T 8321（所有部分）　农药合理使用准则

NY/T 496　肥料合理使用准则　通则

NY/T 855　花生产地环境技术条件

NY/T 1276　农药安全使用规范总则

3 术语和定义

本文件没有需要界定的术语和定义。

4 气候条件

花生生长期可达到 115 d 以上、积温达到 2 800～3 000 ℃ 的地区，可起垄露地栽培；生长期可达到 110～115 d、积温在 2 500～2 700 ℃ 的地区，应采用起垄地膜覆盖栽培。

5 产地环境

选用轻壤或沙壤土、土层深厚、地势平坦、排灌方便的中等以上肥力地块。产地环境符合 NY/T 855 的要求。

6 前茬预施肥

6.1 肥料施用应符合 NY/T 496 的要求。

6.2 夏直播花生应重视前茬施肥，在前茬作物（小麦、油菜等）常规基肥用量的基础上，加施花生茬的全部有机肥和 1/3 化肥：每 667 m² 优质腐熟鸡粪或养分含量相当的其他有机肥 1 000～1 500 kg，化肥施用量为氮（N）3～4 kg、磷（P_2O_5）2～3 kg、钾（K_2O）3～4 kg。大蒜茬肥力较高，可不进行预施肥。

7 种子处理

7.1 品种选择

选用已通过省或国家审（鉴、认）定或登记，中早熟或早熟、增产潜力大和综合抗性好且符合 GB 4407.2 要求的品种。

7.2 剥壳与选种

播种前 15 d 内剥壳，剥壳前晒种 2～3 d。选用大小均匀且饱满的籽仁（一级米）作种子。

7.3 拌种

根据土传病害和地下害虫发生情况选择符合 GB/T 8321（所有部分）和 NY/T 1276 要求的药剂拌种或进行种子包衣，要注重杀虫、杀菌、壮苗兼备，且随拌随用。

8 播种

8.1 造墒

前茬作物收获后，如果墒情适宜（土壤相对含水量65 %～70 %），可直接播种或整地灭茬播种；如果墒情不足，要先造墒再播种，或者采用干播湿出的方法，先播种后滴灌或喷灌，以抢时早播，增加积温。

8.2 精准施肥、精细整地

在前茬预施肥的基础上，花生播种整地前，根据目标产量的要求，如单产荚果 500 kg/667 m^2，每 667 m^2 再施氮（N）6～8 kg、磷（P$_2$O$_5$）4～6 kg、钾（K$_2$O）6～8 kg、钙（CaO）6～8 kg。氮肥宜施用包膜缓控释肥。适当增施硫、硼、锌、铁、钼等中微量元素肥料。机械撒施，施肥后需要灭茬的先浅耕灭茬，然后再旋耕 1～2 遍；不需要灭茬的直接旋耕、松土、掩肥。做到地平、土细、肥匀、墒足。

8.3 抢时早播、合理密植

夏直播花生应抢时早播，露地直播花生可在前茬作物收获后免耕播种，花生出苗至始花期再追肥。为达到高产优质的目标，夏直播花生宜镇压起垄种植，垄距80～85 cm，垄高10 cm，垄上行距30～35 cm，单粒精播，种植密度15 000～18 000株/667 m²。

8.4 机械播种覆膜

选用农艺性能优良的花生联合播种机，将花生起垄、播种、喷洒除草剂、覆膜、膜上压土等工序一次完成，播种规格同8.3。除草剂使用应符合GB/T 8321（所有部分）和NY/T 1276的要求，采用除草地膜的，可省去喷施除草剂的工序。选用宽度85～90 cm、厚度0.008～0.01 mm的常规聚乙烯地膜或黑膜。露地栽培时去除联合播种机的覆膜装置。

9 田间管理

9.1 开孔引苗

花生出苗时，及时将未能破膜的幼苗开孔放出，连续缺穴的地方要及时补种。4叶期至开花前及时理出地膜下面的侧枝。

9.2 水分管理

花针期和结荚期，花生叶片中午前后出现萎蔫时，要在傍晚或上午适量浇水，灌溉水质符合GB 5084的要求。饱果期（收获前1个月）遇旱（土壤相对含水量低于60 %）应小水润

附录

165

浇。结荚后如果雨水较多，及时排水防涝。出现严重涝灾时及时破膜散墒。

9.3　中耕与除草

9.3.1　中耕

抢时免耕直播的花生，花生出苗至始花期要进行中耕灭茬除草。

9.3.2　除草

施用除草剂按照 GB/T 8321（所有部分）和 NY/T 1276 的规定执行。

9.4　病虫害防治

施用农药按照 GB/T 8321（所有部分）和 NY/T 1276 的规定执行。

9.5　适时化控

结荚初期当主茎高度达到 28～32 cm、叶片封垄前后，及时喷施生长调节剂，施药后 10～15 d 如果主茎高度超过 40 cm 可再喷施 1 次。生长调节剂的施用应符合 GB/T 8321（所有部分）和 NY/T 1276 的要求。

9.6　叶面施肥

生育中后期每 667 m^2 叶面喷施 2 %～3 % 的尿素水溶液和 0.2 %～0.3 % 的磷酸二氢钾水溶液 40 kg，连喷 2 次，间隔 7～10 d。也可喷施经农业农村部或省级部门登记的其他叶面肥料或新型植物生长调节剂，促进光合产物向荚果分配。

10　适时晚收

夏直播花生应延迟到 10 月上中旬收获，要求 60 ％荚果网纹清晰、果壳硬化、内壁由白色变成青褐色。收获后及时晾晒，将荚果含水量降到 10 ％以下。

11　清除残膜

覆膜花生收获后及时清除田间残膜。

4. 花生红衣原花青素提取

技术规程

ICS 67.050

CCS B 04

T/SAASS

团 体 标 准

T/SAASS 75—2022

花生红衣原花青素提取
技术规程

Technical regulations for extraction of procyanidins from
peanut skins

2022-12-08 发布　　　　　　　2022-12-08 实施

山东农学会　　发 布

前　　言

本文件按照 GB/T 1.1—2020《标准化工作导则　第 1 部分：标准化文件的结构和起草规则》的规定起草。

请注意本文件的某些内容可能涉及专利。本文件的发布机构不承担识别专利的责任。

本文件由山东省花生研究所提出。

本文件由山东农学会归口。

本文件起草单位：山东省花生研究所、山东省农业科学院农作物种质资源研究所、青岛大学、烟台枫林食品有限公司、山东金胜生物科技有限公司、费县运丰花生种植专业合作社、山东省科特派共同体管理服务有限责任公司。

本文件主要起草人：王明清、于丽娜、万书波、李新国、孙杰、王建国、毕洁、宋昱、于豪谅、魏代磊、赵善军、喻红华、郭志青、江晨、孙运福、慈敦伟、王希平、齐宏涛。

花生红衣原花青素提取技术规程

1 范围

本文件规定了花生红衣中原花青素提取的基本要求和原花青素提取技术。

本文件适用于以花生红衣为主要原料，采用水浸提法提取食品级原料原花青素。

2 规范性引用文件

下列文件中的内容通过文中的规范性引用而构成本文件必不可少的条款。其中，注日期的引用文件，仅该日期对应的版本适用于本文件；不注日期的引用文件，其最新版本（包括所有的修改单）适用于本文件。

GB/T 191 包装储运图示标志

GB 3095 环境空气质量标准

GB 5009.3 食品安全国家标准 食品中水分的测定

GB 5009.11 食品安全国家标准 食品中总砷及无机砷的测定

GB 5009.12 食品安全国家标准 食品中铅的测定

GB 5009.17 食品安全国家标准 食品中总汞及有机汞的测定

GB 5009.22 食品安全国家标准 食品中黄曲霉毒素 B 族

和 G 族的测定

GB 5749　生活饮用水卫生标准

GB/T 6682　分析实验室用水规格和试验方法

GB 14881　食品安全国家标准　食品生产通用卫生规范

GB 16798　食品机械安全卫生

3　术语和定义

下列术语和定义适用于本文件。

3.1　花生红衣　peanut skins

为豆科植物花生 *Arachis hypogaea* Linn. 的成熟种子的种皮，外表面红色，有纵脉纹，内表面黄白色或白色，脉纹明显，质轻易碎。气微，味涩，微苦。

3.2　原花青素　procyanidins

一类由不同数量的儿茶素（catechin）或表儿茶素（epicatechin）通过 C-C 键缩合而形成的聚合物。

4　基本要求

4.1　花生红衣

花生种皮颜色应为红色，无发霉，无虫蛀，无污染，无土、石块等杂质。

4.2　用水

用水应符合 GB 5749 的要求。

4.3 厂区要求

厂区内应有良好的防洪、排水系统、消防系统、监测设施等。

4.4 卫生要求

厂区空气环境质量应符合 GB 3095 中规定的三级标准要求；车间卫生应符合 GB 14881 要求；所选设备的安全卫生应符合 GB 16798 的要求，与原料、半成品、成品直接接触的部位不得出现漏油、渗油现象。

5 原花青素提取技术

5.1 提取工艺流程

5.1.1 花生红衣原花青素提取工艺流程图

原料 → 浸泡 → 除杂 → 纯化 → 洗脱 → 浓缩 → 干燥 → 包装

5.1.2 原料

原料注水前应经过筛选处理，除去其中石块、土块等杂质和霉变的原料。

5.1.3 浸泡

应确定储水罐内无异物，将花生红衣投入到提取罐中，注入水，料液比为（1：10）～（1：5），浸提温度宜选择 20～60℃，浸泡 2～4 h。

5.1.4 除杂

将浸提液通过 80 目筛过滤，获得提取液；通过离心机处理，进一步除去提取液中的红衣碎片等杂质。

174

5.1.5 纯化

利用 LSA-10、D101 等型号的大孔树脂纯化原花青素。

5.1.6 洗脱

使用 40% 的乙醇洗脱，获得原花青素溶液。

5.1.7 浓缩

通过浓缩蒸发设备，浓缩原花青素溶液。

5.1.8 干燥

将浓缩液用喷雾干燥机进行干燥，设定进风温度为 170～180℃，出风温度为 80～90℃，进行喷雾干燥，收集原花青素干燥粉末，纯度≥95%，含水率<5%。

5.1.9 包装

产品包装标志原花青素含量、生产日期等，产品包装储运图示应符合 GB/T 191 的规定。包装建议采用全自动包装方式。

5.2 理化指标

原花青素理化指标应符合表 1 的规定。

表 1 理化指标

项目	指标	检测方法
水分 /%	≤5.0	GB 5009.3
黄曲霉毒素 /（μg/kg）	≤20	GB 5009.22
铅 /（mg/kg）	≤1.0	GB 5009.12
汞 /（mg/kg）	≤0.3	GB 5009.17
砷 /（mg/kg）	≤1.0	GB 5009.11

附录

5.3 记录控制

5.3.1 原料、生产提取中的关键控制点和成品检验结果等应有记录。

5.3.2 各项原始记录应按规定保存 2 年。

附录 A

（规范性）

原花青素纯度检验方法

A.1　方法原理

　　原花青素经过酸处理后，可以生成深红色的花青素离子，用分光光度法测定原花青素在水解过程中生成的花青素离子，计算试样中原花青素含量。

A.2　试剂

A.2.1　甲醇（CH_3OH）：分析纯。

A.2.2　正丁醇［$CH_3(CH_2)_2CH_2OH$］：分析纯。

A.2.3　盐酸（HCL）：纯度为 35%～37%，分析纯。

A.2.4　硫酸铁铵［$NH_4Fe(SO_4)_2$］：分析纯。

A.2.5　水（H_2O）：GB/T 6682 规定的一级水。

A.2.6　原花青素标准品：经国家认定的标准物质。

A.3　标准溶液配制

A.3.1　原花青素标准储备液（1.0 mg/mL）：取原花青素标准品 10 mg，置于 10 mL 容量瓶中，加甲醇溶解并定容至刻度，即得浓度为 1.0 mg/mL 标准储备液，溶液现用现配。

A.3.2　原花青素标准系列工作液：准确量取原花青素标准储备液 0.00 mL、0.10 mL、0.25 mL、0.50 mL、1.00 mL、1.50 mL、

2.00 mL、2.50 mL 分别置于 10 mL 容量瓶中，加甲醇至刻度，摇匀，浓度分别为 0.00 μg/mL、10.00 μg/mL、25.00 μg/mL、50.00 μg/mL、100.00 μg/mL、150.00 μg/mL、200.00 μg/mL、250.00 μg/mL 的标准系列工作溶液。

A.4 供试品溶液的制备

取样品 10～100 mg，置于 50 mL 容量瓶中，加入 30 mL 甲醇，超声处理（功率 250 W，频率 50 kHz）20 min，放至室温后，加甲醇至刻度，摇匀，放置澄清或离心后取上清液作为供试品溶液。如样品原花青素含量较高，再精密量取上清液 10 mL，置 100 mL 容量瓶中，加甲醇稀释至刻度，摇匀，作为供试品溶液。

A.5 标准曲线的绘制

准确吸取原花青素标准系列工作液各 1 mL，置于安瓿瓶中，加入 6 mL 盐酸-正丁醇溶液，0.2 mL 硫酸铁铵溶液，混匀，密封，置沸水中加热 40 min 后，取出，立即置冰水中冷却至室温，在 546 nm 波长处测吸光度，显色在 1 h 内稳定。

以吸光度为纵坐标，原花青素浓度为横坐标绘制标准曲线。

A.6 样品溶液的测定

精密吸取 A.3 项下的供试品溶液 1 mL，置于安瓿瓶中，然后按照标准曲线制作步骤执行。以相应试剂为空白。测定样品吸光度，用标准曲线计算试样中原花青素的含量。

A.7　原花青素纯度的计算

样品中原花青素纯度按式（A.1）计算：

$$X = \frac{c \times V \times n}{m} \times 100\%$$

式中：

X——样品中原花青素的纯度（%）；

c——供试品中原花青素的浓度（μg/mL）；

V——供试品的体积（mL）；

n——稀释倍数；

m——样品的质量（μg）。

A.8　精密度

在重复性条件下获得的两次独立测定结果的绝对值不得超过算术平均值的 10%。

T/SAASS 77—2022

5. 花生优化种植模式
高产高效栽培技术规程

ICS 65.020.20

CCS B 05

T/SAASS

团 体 标 准

T/SAASS 77—2022

花生优化种植模式
高产高效栽培技术规程

Technical cultivation for high yield and high efficiency of
peanut optimization planting pattern

2022-12-08 发布　　　　　　2022-12-08 实施

山东农学会　　发 布

前　言

本文件按照 GB/T 1.1—2020《标准化工作导则　第 1 部分：标准化文件的结构和起草规则》的规定起草。

请注意本文件的某些内容可能涉及专利，本文件的发布机构不承担识别专利的责任。

本文件由山东省花生研究所提出。

本文件由山东农学会归口。

本文件起草单位：山东省花生研究所、山东省农业科学院农作物种质资源研究所。

本文件主要起草人：慈敦伟、唐朝辉、杨吉顺、张佳蕾、万书波、张冠初、谢宏峰、王秀贞、崔凤高、秦斐斐、李尚霞、郭峰。

花生优化种植模式高产高效栽培技术规程

1 范围

本文件规定了花生优化种植模式生产产地环境要求和管理措施。

本文件适用于北方春夏花生的栽培种植。

2 规范性引用文件

下列文件中的内容通过文中的规范性引用而构成本文件必不可少的条款。其中，注日期的引用文件，仅该日期对应的版本适用于本文件；不注日期的引用文件，其最新版本（包括所有的修改单）适用于本文件。

GB/T 8321（所有部分） 农药合理使用准则

GB 13735 聚乙烯吹塑农用地面覆盖薄膜

NY/T 855 花生产地环境技术条件

NY/T 1276 农药安全使用规范总则

NY/T 2393 花生主要虫害防治技术规程

NY/T 2394 花生主要病害防治技术规程

3 术语和定义

本文件没有需要界定的术语和定义。

4 产地环境

选用土层深厚、地势平坦的地块，产地环境符合 NY/T 855 的要求，灌溉和排涝条件良好。

5 播种前准备

5.1 施肥

肥料施用应符合 NY/T 496 的要求。每 666.7 m² 施肥按照氮（N）8～10 kg、磷（P_2O_5）4～6 kg、钾（K_2O）6～8 kg、钙（CaO）6～8 kg 的需求，根据肥料种类计算用量。

全部有机肥和 40 % 的化肥结合耕地施入，60 % 化肥结合播种集中施用。适当施用硼、钼、铁、锌等微量元素肥料。

5.2 品种选用

选用经国家 / 省审定或登记的抗逆高产、适应性广、耐密植的花生品种。

5.3 剥壳与选种

播种前 10 d 内剥壳，剥壳前晒种 2～3 d。选用饱满的 1 级、2 级籽仁作种子。

5.4 药剂处理

根据土传病害和地下害虫发生情况，选择符合 GB/T 8321 及 NY/T 1276 要求的药剂拌种或进行种子包衣。

6 播种与覆膜

6.1 播期

大花生宜在 5 cm 日平均地温稳定在 15 ℃ 以上、小花生稳定在 12 ℃ 以上、高油酸花生稳定在 17 ℃ 以上时播种。春花生适宜在 4 月下旬至 5 月上旬播种。夏花生 6 月 15 日前播种。

6.2 土壤墒情

播种时土壤水分为田间最大持水量的 70 % 左右为宜。

6.3 种植模式

根据地力水平选择种植模式。

a） 大垄 4 行大小行种植。垄距 130 cm，垄面宽 90～100 cm，垄沟 30 cm，垄高 6～8 cm，每垄 4 行，大小行种植，小行距 15～20 cm，大行距 35～40 cm，每 666.7 m² 单粒播 18 000～20 000 穴，双粒播 12 000～13 000 穴。旱薄地、盐碱地宜采用。

b） 小垄 2 行种植。垄距 85～90 cm，垄面宽 55～60 cm，垄沟 30 cm，垄高 10～12 cm，垄上行距 30～35 cm。每 666.7 m² 单粒播 15 000～17 000 穴，双粒播 9 000～11 000 穴。高产田宜采用。

6.4 覆膜与化学除草

选用厚度 0.01 mm、透明度 ≥80 %、展铺性好的常规聚乙烯地膜。地膜选择应符合 GB 13735 规定。覆膜前应喷施符合

GB/T 8321 及 NY/T 1276 要求的除草剂。

7 田间管理

7.1 破膜引苗

当花生出苗时，及时破膜引苗。连续缺穴的地方要及时补种。4 叶期至开花前及时理出地膜下面的侧枝。

7.2 病虫害防治

施用农药按 GB/T 8321 及 NY/T 1276 的规定执行。花生主要虫害防治按 NY/T 2393 的规定执行。花生主要病害防治按 NY/T 2394 的规定执行。

7.3 适时控旺

当株高超过 35 cm，有旺长趋势，选用 5 % 烯效唑可湿性粉剂 400～800 倍液实行化控。在晴天 9 时之前或 15 时之后喷施，避免重喷、漏喷和喷后遇雨。

7.4 水分管理

花生生长中后期，如果雨水较多，应及时排水防涝。在开花下针期和结荚期如久旱无雨，应及时浇水补墒。花生田浇水提倡膜下滴管技术，或采取垄沟灌水，要小水润浇，避免大水漫灌。

7.5 破膜趟沟

在始花后 10～15 d，垄上中间处深松破膜、扶土培垄。垄

附
录

187

两侧沟同时进行深耕培土。

7.6　叶面施肥

生育中后期每 667 m² 叶面喷施 1 %～2 % 的尿素水溶液和 0.2 %～0.3 % 的磷酸二氢钾水溶液 40 kg，连喷 2 次，间隔 7～10 d，也可喷施经农业农村部或省级部门登记的其他叶面肥料。

8　收获与晾晒

当 75 % 以上荚果果壳硬化，网纹清晰，果壳内壁呈青褐色斑块时，及时收获、晾晒，尽快将荚果含水量降到 10 % 以下。

9　清除残膜

收获后及时清除田间残膜。

T/SAASS 89—2023

6. 花生全程可控施肥技术规程

ICS 65. 020. 01

CCS B 05

T/SAASS

团　体　标　准

T/SAASS 89—2023

花生全程可控施肥技术规程

Technology regulations for whole-period controllable

fertilization of peanut

2023-03-07 发布　　　　　　　2023-03-07 实施

山东农学会　　发　布

前　　言

本文件按照 GB/T 1.1—2020《标准化工作导则　第 1 部分：标准化文件的结构和起草规则》的规定起草。

请注意本文件的某些内容可能涉及专利，本文件的发布机构不承担识别专利的责任。

本文件由山东省农业科学院提出。

本文件由山东农学会归口。

本文件起草单位：山东省农业科学院、山东省农业机械科学研究院、新疆农业科学院、舜花生物科技（山东）有限公司。

本文件主要起草人：万书波、王建国、李新国、郭峰、张佳蕾、康建明、李强、苗昊翠、杨莎、崔利、王彬江。

花生全程可控施肥技术规程

1 范围

本文件规定了花生生产全程可控施肥的策略及技术措施。

本文件适用于花生生产中地块平整且适宜机械化操作，适用花生播种机型为分层施肥播种机，肥料选用控释肥、缓释复混肥、缓释掺混肥、花生专用缓释双层包膜肥等。

2 规范性引用文件

下列文件中的内容通过文中的规范性引用而构成本文件必不可少的条款。其中，注日期的引用文件，仅该日期对应的版本适用于本文件；不注日期的引用文件，其最新版本（包括所有的修改单）适用于本文件。

GB/T 8321（所有部分） 农药合理使用准则

GB 13735 聚乙烯吹塑农用地面覆盖薄膜

NY/T 496 肥料合理使用准则 通则

NY/T 855 花生产地环境技术条件

NY/T 2393 花生主要虫害防治技术规程

NY/T 2394 花生主要病害防治技术规程

NY/T 2404 花生单粒精播高产栽培技术规程

NY/T 2406 花生防空秕栽培技术规程

3 术语和定义

下列术语和定义适用于本文件。

3.1 花生全程可控施肥技术 technology of peanut whole-period controllable fertilizaion

通过施用花生控释肥、缓释复混肥、缓释掺混肥或花生专用缓释双层包膜肥,满足花生不同发育时期肥料的需求;结合花生荚果与根系分区施肥的分层施肥技术,配套分层施肥播种机,实现了不同生育期的精准供肥,满足了植株根系和荚果对肥料的差异需求,充分发挥了生物固氮的能力,做到一次施肥,全程养分可控、增产节肥。

4 产地环境与整地

产地环境符合 NY/T 855 和 NY/T 2404 的要求。土壤质地为壤土,地块平整且适宜机械化操作。地块施肥前应进行旋耕处理,粉碎根系或者地上部残茬,将地块整平。旋耕前施入颗粒型辛硫磷等杀虫剂预防地下害虫。农药的使用应符合 GB/T 8321 的要求。

5 施肥

5.1 施肥原则

肥料施用原则应符合 NY/T 496 要求。

肥料选择应采用控释肥、缓释复混肥、缓释掺混肥或者花生专用缓释双层包膜肥等。通过养分不同生育时期释放，满足花生前期生长对氮、磷、钾的需求、后期对氮、钙肥料的需求，做到一次施肥，全程养分可控。

施肥方法采用分层施肥技术，即花生荚果与根系分区施肥，满足了植株根系和荚果对肥料的差异需求。施肥机选择花生专用分层施肥播种机，同时实现播种、喷施除草剂、覆膜、覆土和镇压、6～10 cm（结果层）、10～25 cm（根系集中层）分层施肥。其中，结果层施肥量与根系集中层施肥量的比例为1∶1。

5.2 施肥数量

肥料用量 50～60 kg/667 m^2，其中结果层和根系集中层各 25～30 kg/667 m^2。分层施肥播种机行走速度建议为 36 km/h。

6 播种

6.1 品种选择与种子处理

国家登记（鉴、认）、省审（鉴、认）定或登记的适宜当地种植、综合抗性好、高产优质、适宜机械化的大粒花生品种。

播种前 10 d 内剥壳，剥壳前晒种 2～3 d。选用大小饱满无伤病的籽仁作为种子，发芽率 95 % 以上。种子采用杀菌剂（精甲·咯菌腈、噻呋酰胺、福美双等）与杀虫剂（吡虫啉、噻虫嗪等）复配的包衣方法进行包衣。按照 NY/T 2393、NY/T 2394 和 NY/T 2406 规定执行。

6.2 种植规格与覆膜

春花生播期在 4 月下旬至 5 月中旬，适墒抢时播种。耕作层土壤手握能成团，手搓较松散，土壤含水量为 65 %～70 %，适合播种机进行作业。若遇春旱，应小水润灌或喷灌造墒。

按照 NY/T 2406 的要求。宜采用起垄种植。垄距 85～90 cm，垄面宽 50～55 cm，垄高 12～15 cm，垄上种 2 行花生，垄上小行距 25～30 cm，穴距 14～15 cm，播深 3～5 cm，双粒播种，每 667 m² 播种 10 000 穴左右。

春花生宜适合覆膜覆盖，选用地膜厚度大于等于 0.01 mm。按照 GB 13735 规定执行。

7 生长期管理

7.1 化学除草

苗前封闭除草：每 667 m² 喷施 33 % 二甲戊灵乳油 100 mL 兑水 30 kg 或 72 % 精异丙甲草胺乳油 100 mL 兑水 50 kg。苗后杂草应及早防除，可喷施 5 % 精喹禾灵乳油，每 667 m² 用 70～100 mL 兑水 15 kg，对杂草茎叶进行喷雾；或对花生垄沟进行中耕，消除杂草。按照 NY/T 8321 规定执行。

7.2 放苗引苗

花生出苗时，宜 10 时前和 16 时后对覆土量少的地块抠膜放苗，防高温灼伤。膜上有覆土的地块，应及时撒土清棵。连续缺苗的地方及时补种。按照 NY/T 2404 规定执行。

7.3 水肥管理

花针期、结荚期和饱果期缺水时应及时浇水。结荚后期如遇雨水较多，应及时排水防涝。

如果生育中后期花生植株早衰现象，每 667 m² 叶面喷施 1.0 %～1.2 % 的尿素水溶液、0.3 %～0.5 % 的磷酸二氢钾水溶液 40～50 kg，连喷 2 次，间隔 7～10 d。按照 NY/T 2404 规定执行。

7.4 病虫害防治

以预防为主，重点防治叶斑病、网斑病、锈病、茎腐病、根腐病、蛴螬、地老虎、蚜虫、棉铃虫等病虫，根据病虫害发生情况，及时喷施药剂防治。参照 NY/T 2393 和 NY/T 2394。

7.5 防控徒长

花生封垄时期，主茎高度达到 30～35 cm，及时每 667 m² 用 5 % 烯效唑或 15 % 多效唑粉剂 40～50 g 加水 40～50 kg，在植株顶部喷洒。若仍有徒长趋势时，可以连喷 2～3 次。收获时，以主茎高 40～45 cm 为宜。

8 收获

按照 NY/T 2404 的要求。80 % 荚果网纹清晰、果壳硬化、内壁由白色的海绵组织变成青褐色的硬化斑块结构，种仁呈现品种特征时可收获。人工或机械化收获。茎秆可作饲草。

9 清除残膜

按照 NY/T 2404 的要求。收获后人工或机械清除残膜。

T/SAASS 90—2023

7. 春花生"两减一增"绿色高效栽培技术规程

ICS 65.020.20

CCS B 01

T/SAASS

团　体　标　准

T/SAASS 90—2023

春花生"两减一增"绿色高效栽培技术规程

Green and high-efficiency cultivation for spring peanuts under
reducing fertilizer and pesticide and increasing calcium application

2023-03-07 发布　　　　　　　2023-03-07 实施

山东农学会　　发　布

前　　言

本文件按照 GB/T 1.1—2020《标准化工作导则　第 1 部分：标准化文件的结构和起草规则》的规定起草。

请注意本文件的某些内容可能涉及专利，本文件的发布机构不承担识别专利的责任。

本文件由山东省农业科学院提出。

本文件由山东农学会归口。

本文件起草单位：山东省农业科学院、新疆农业科学院、山东省花生研究所、舜花生物科技（山东）有限公司。

本文件主要起草人：王建国、万书波、张佳蕾、郭峰、苗昊翠、李强、张智猛、丁红、王彬江。

春花生"两减一增"绿色高效栽培技术规程

1 范围

本文件规定了春花生"两减一增"绿色高效栽培中的产地环境与整地、播前准备、播种、生长期管理、收获等技术措施。

本文件适用于春播大粒花生种植区域，特别适用于往年种植的大粒花生有大量空壳的地块。

2 规范性引用文件

下列文件中的内容通过文中的规范性引用而构成本文件必不可少的条款。其中，注日期的引用文件，仅该日期对应的版本适用于本文件；不注日期的引用文件，其最新版本（包括所有的修改单）适用于本文件。

GB/T 8321（所有部分）　农药合理使用准则

GB 13735　聚乙烯吹塑农用地面覆盖薄膜

NY/T 496　肥料合理使用准则　通则

NY/T 855　花生产地环境技术条件

NY/T 2393　花生主要虫害防治技术规程

NY/T 2394　花生主要病害防治技术规程

NY/T 2401　覆膜花生机械化生产技术规程

NY/T 2404　花生单粒精播高产栽培技术规程

NY/T 2407   花生防早衰适期晚收高产栽培技术规程

3 术语和定义

下列术语和定义适用于本文件。

3.1 两减一增 reduce nitrogen fertilizers，pesticide and increase calcium fertilizers

"两减"是指减少氮肥、农药施用量；"一增"是指增施钙肥。

4 产地环境与整地

产地环境符合 NY/T 855、NY/T 2401 要求。整地参照 NY/T 2404 规定执行。

5 播前准备

5.1 施肥

5.1.1 增施钙肥

根据地力情况，特别是往年种植的大粒花生有大量空壳的地块，依据土壤酸碱性合理选择相应的钙肥。碱性地块，增施石膏、过磷酸钙等；酸性地块，施用钙镁磷肥、熟石灰、生石灰等。根据产量水平和土壤缺钙程度确定用量，一般情况下作基肥的用量为 $30\sim50$ kg/667 m^2（折合氧化钙的用量），缺钙严重地块可适当增加用量。

5.1.2 减施氮肥

根据土壤肥力、多年施肥量确定氮肥减施量。高肥力地块或连续 3 年以上施肥量在 60～70 kg/667 m² (复合肥)，建议复合肥施用量 40～50 kg/667 m² (氮肥用量为 6.0～7.5 kg/667 m²)，比常规施肥 (复合肥 60～70 kg/667 m²) 减少施用复合肥 20～30 kg/667 m² (氮肥减施量为 3.0～4.5 kg/667 m²)。中等肥力地块复合肥施用量 50～60 kg/667 m²，比常规施肥减少施用复合肥 10～20 kg/667 m² (氮肥减施量为 1.5～3.0 kg/667 m²)。

施肥要做到先施氮磷钾肥，开展旋耕作业；再施钙肥，开展旋耕作业。肥料施用按照 NY/T 496 规定执行。

5.2 品种选择

国家登记 (鉴、认)、省审 (鉴、认) 定或登记的适宜当地种植、综合抗性好、高产优质、适宜机械化的大粒花生品种。

5.3 剥壳与精选种子

播种前 10 d 内剥壳，剥壳前晒种 2～3 d。选用大小饱满无伤病的籽仁作为种子，发芽率 95 % 以上。

5.4 种子处理

采用杀菌剂 (精甲·咯菌腈、噻呋酰胺、福美双等) 与杀虫剂 (吡虫啉、噻虫嗪等) 复配的包衣方法，对种子进行包衣。按照 NY/T 2393 和 NY/T 2394 规定执行。

6 播种

6.1 播期与土壤墒情

春花生播期在 4 月下旬至 5 月中旬。通常连续 5 d 的 5 cm 处的平均地温≥15 ℃、土壤相对含水量为 65 %～70 % 时，适宜花生播种。若遇春旱，小水润灌或喷灌造墒再播种。

6.2 种植规格

大垄双行种植。单粒播种时，密度为 13 000～14 000 粒 / 667 m², 种植规格按照 NY/T 2404 规定执行。双粒穴播时，密度为 8 000～9 000 穴 /667 m², 种植规格按照 NY/T 2407 规定执行。

6.3 播种深度

播种深度 3～5 cm。露地栽培宜深，覆膜栽培宜浅。播种较早、地温较低，或土壤湿度大、土壤黏重，适当浅播，反之，适当加深。播种同时覆膜、膜上筑土。

6.4 地膜选用与覆膜

覆膜选用地膜厚度大于等于 0.01 mm, 机械覆膜。按照 GB 13735 规定执行。

7 生长期管理

7.1 放苗引苗

花生出苗时，宜 10 时前和 16 时后对覆土量少的地块抠膜

0

放苗，防高温灼伤。膜上有覆土的地块，应及时撒土清棵。连续缺苗的地方及时补种。按照 NY/T 2404 规定执行。

7.2 水肥管理

花生幼苗期适宜的土壤相对含水量 50 %～60 %，花针期和结荚期适宜的土壤相对含水量 60 %～70 %。如遇天气持续干旱，应及时适量浇水。若遇持续阴雨，造成田间渍涝，及时排水。

如果生育中后期花生植株早衰现象，每 667 m² 叶面喷施 1.0 %～1.2 % 的尿素水溶液、0.3 %～0.5 % 的磷酸二氢钾水溶液 40～50 kg，连喷 2 次，间隔 7～10 d。按照 NY/T 2404 规定执行。

7.3 化学除草

苗前封闭除草：每 667 m² 喷施 33 % 二甲戊灵乳油 100 mL 兑水 30 kg 或 72 % 精异丙甲草胺乳油 100 mL 兑水 50 kg。苗后杂草应及早防除，可喷施 5 % 精喹禾灵乳油，每 667 m² 用 70～100 mL 兑水 15 kg，对杂草茎叶进行喷雾；或对花生垄沟进行中耕，消除杂草。按照 NY/T 8321 规定执行。

7.4 病虫害防治

7.4.1 虫害防控

选用高效低毒生物农药，同时田间布设性诱剂、食诱剂诱杀装置等进行虫害的综合防控，减少农药使用次数 1 次，进而减少农药施用量。

苗期预防蚜虫、蓟马：9％吡虫啉可湿性粉剂3g兑水30 kg，叶面喷雾防治，可维持10～20 d的防效。生育中后期虫害防控：防治甜菜夜蛾、斜纹夜蛾、棉铃虫、菜青虫等，应及时喷施3.4％甲氨基阿维菌素15 g/667 m²+20％虫酰肼20 g/667 m²或4.5％高效氯菊酯乳油30～50 mL，加水40～50 kg，均匀喷雾。

7.4.2 病害防控

叶斑病、锈病等病害发生初期，每667 m²用60％吡唑醚菌酯·代森联水分散粒剂40 g或20％氟唑菌酰羟胺·苯甲30 mL兑水30 kg，每隔7～15 d叶面喷洒1次，连续喷2次。

农药的使用应符合GB/T 8321的要求。病虫害的防治按照NY/T 2393和NY/T 2394规定执行。

7.5 防控徒长

花生封垄时期，主茎高度达到30～35 cm，及时每667 m²用5％烯效唑或15％多效唑粉剂40～50 g加水40～50 kg，在植株顶部喷洒。若仍有徒长趋势时，可以连喷2～3次。收获时，以主茎高40～45 cm为宜。

8 收获

80％荚果网纹清晰、果壳硬化、内壁由白色的海绵组织变成青褐色的硬化斑块结构，种仁呈现品种特征时收获。适时收获。收获的茎秆可作为饲草等。收获后人工清除残膜。按照NY/T 2404规定执行。

T/SAASS 96—2023

8. 花生膜上打孔穴播技术规范

ICS 65.020.20

CCS B 05

T/SAASS

团 体 标 准

T/SAASS 96—2023

花生膜上打孔穴播技术规范

Technical specification of punching-on-film precision hole
seeding for peanuts

2023-03-07 发布   2023-03-07 实施

山东农学会   发 布

前　　言

本文件按照 GB/T 1.1—2020《标准化工作导则　第 1 部分：标准化文件的结构和起草规则》的规定起草。

请注意本文件的某些内容可能涉及专利。本文件的发布机构不承担识别专利的责任。

本文件由山东省农业机械科学研究院提出。

本文件由山东农学会归口。

本文件起草单位：山东省农业机械科学研究院、山东省农业科学院农作物种质资源研究所。

本文件主要起草人：张春艳、万书波、康建明、李新国、张佳蕾、张宁宁、彭强吉、王小瑜、牛萌萌、许宁、孟庆山。

花生膜上打孔穴播技术规范

1 范围

本文件规定了花生膜上打孔穴播种植的基本要求、播前准备、膜上精量穴播等内容。

本文件适用于黄淮海花生主产区。

2 规范性引用文件

下列文件中的内容通过文中的规范性引用而构成本文件必不可少的条款。其中，注日期的引用文件，仅该日期对应的版本适用于本文件；不注日期的引用文件，其最新版本（包括所有的修改单）适用于本文件。

GB 13735　聚乙烯吹塑农用地面覆盖薄膜

JB/T 7732　铺膜播种机

NY/T 496　肥料合理使用准则　通则

NY/T 503　单粒（精密）播种机　作业质量

3 术语和定义

下列术语和定义适用于本文件。

3.1 膜上打孔播种　punching on film hole seeding

在膜上打孔播种并覆土的播种方式。

3.2 单粒率 single seed rate

单粒种子的穴数与总穴数之比，用百分数表示。

4 基本要求

4.1 地块要求

4.1.1 耕种土地应为土层深厚、土质松暄肥沃、排水良好的沙壤土。

4.1.2 土壤墒情适宜、平整、无杂草。

4.2 作业质量要求

4.2.1 播种应做到播种深度符合要求、等粒距、低错位、匀覆土。

4.2.2 播种后地表平整、无撒落的种子、化肥。

4.2.3 地头平整，无漏播和堆种、堆肥现象。

5 播前准备

5.1 种子精选

根据当地生产和种源条件，应选用已登记、种粒大小均匀一致适合机械化生产的花生品种，且籽粒饱满、活力高、发芽率≥90 %，种子需包衣或拌药处理。

5.2 深耕整地

前茬作物收获后及时进行机械耕整地，以耕翻深度22～25 cm 为宜，要求深浅一致，无漏耕，覆盖严密。在冬耕基础上，播前精细整地，保证土壤表层疏松细碎，平整沉实，上虚下实，清除地膜、石块等杂物，做到地平、土细、肥匀。

5.3 地膜选择

选用诱导期适宜、展铺性好、降解无公害的降解地膜或聚乙烯地膜，以宽度 80～90 cm、厚度 0.01 mm 为宜，要求断裂伸长率（纵／横）100 %，伸展性好，抗拉强度高，质量应符合 GB 13735 的规定。

5.4 播期选择

如果是早熟花生，地下 5 cm 处的 5 日内平均地温稳定在 12 ℃以上，如果是晚熟花生，地下 5 cm 处的 5 日内平均地温稳定在 15 ℃以上，如果是高油酸花生，地下 5 cm 处的 5 日内平均地温稳定在 18 ℃以上，且土壤含水量为最大持水量的 70 % 左右时可以播种。春花生适期为 4 月下旬至 5 月中旬，夏花生播种应不晚于 6 月 15 日。

6 膜上精量穴播

6.1 平整地

利用平地机或平土器将待播种地块整平。

6.2 起垄

6.2.1 起垄前做到有墒抢墒，无墒造墒，确保足墒起垄。

6.2.2 一般采用一垄双行播种模式，垄型要适宜，起垄前要测定垄高、垄面和垄间距，一般要求垄高保持在 10～12 cm，垄面宽 50～55 cm，垄间距 80～85 cm。

6.2.3 起垄时采用边起垄边镇压的方式，保证垄面平实。

6.3 施肥

起垄时同步施底肥，按 NY/T 496 执行。

6.4 喷药

覆膜前在垄型和垄沟内喷施除草剂，施药量 80～120 g/667 m^2，兑水 40～50 kg/667 m^2。

6.5 地膜铺设

6.5.1 地膜应贴合地面，且纵向拉伸率适宜。

6.5.2 展膜轮能够随地仿形，膜面干净、平整、采光面大，边行采光面不低于 5 cm。

6.5.3 膜边垂直入土 5～7 cm，且膜边覆土装置随地仿形，压土严实。

6.5.4 铺设后地膜应完好，无破损。

6.5.5 地膜铺设性能指标应满足表 1 的要求，测定方法参照 JB/T 7732。

表 1 铺膜性能

项目	指标值
地膜纵向拉伸率 /%	≥3
采光面宽度合格率 /%	≥80

续表

项目	指标值
地膜采光面展平度 /%	≥98
采光面机械破损程度 / (mm/m²)	≤50
膜边覆土厚度合格率 /%	≥95
膜边覆土宽度合格率 /%	≥95

6.6 膜上打孔播种

6.6.1 地膜上形成的种穴与膜孔保持对应,不能错位、不存在撕膜现象。

6.6.2 采用种子破碎率≤1％的排种器,且下种均匀,能够实现单粒精播。

6.6.3 打孔播种的穴距保持在 10～12 cm,膜下播种深度 2～3 cm。

6.6.4 行距保持在 28～30 cm。

6.6.5 播种质量满足表 2 的要求,测定方法参照 JB/T 7732 和 NY/T 503。

表 2 播种质量要求

项目名称	指标要求
孔穴错位率 /%	≤2
单粒率 /%	≥85
空穴率 /%	≤3
穴距合格率 /%	≥90

项目名称	指标要求
膜下播种深度合格率 /%	≥90
行距一致性合格率 /%	≥90

注1：膜下播种深度大于或等于 2 cm 时，误差为 ±1 cm 时为合格深度。
种子深度小于 2 cm 时，误差为 ±0.5 cm 时为合格深度。
注2：同一播幅内各行距与规定行距相差不超过 ±2 cm 为合格。
注3：两次行程中邻接行距与规定行距相差不超过 ±4 cm 为合格。

6.6.6　覆土圆盘采用加压机构，保证输送至覆土滚筒的上土量。

6.6.7　覆土带连续，保证种孔覆土率超过 90 %。

6.6.8　种孔上覆土要均匀一致，以厚度 1～1.5 cm 为宜。

6.7　二次镇压

6.7.1　采用橡胶辊或橡胶轮对覆土后的种行进行镇压。

6.7.2　镇压应连续，种子在种穴内无架空现象。

6.7.3　镇压后播种深度满足 3～5 cm，且播种深度合格率要超过 85 %。

T/SAASS 97—2023

9. 玉米花生间作播种机

ICS 65.060.30
CCS B 91

T/SAASS

团 体 标 准

T/SAASS 97—2023

玉米花生间作播种机

Corn-peanut intercropping seeding machine

2023-03-07 发布 　　　　　　　2023-03-07 实施

山东农学会　　发布

前　　言

本文件按照 GB/T 1.1—2020《标准化工作导则　第 1 部分：标准化文件的结构和起草规则》的规定起草。

请注意本文件的某些内容可能涉及专利。本文件的发布机构不承担识别专利的责任。

本文件由山东省农业机械科学研究院提出。

本文件由山东农学会归口。

本文件起草单位：山东省农业机械科学研究院、山东省农业科学院农作物种质资源研究所。

本文件主要起草人：张宁宁、康建明、万书波、李新国、张佳蕾、张春艳、彭强吉、王小瑜、牛萌萌、许宁、孟庆山。

玉米花生间作播种机

1 范围

本文件规定了玉米花生间作播种机的技术要求、试验方法、检测规则及标牌、包装、运输和贮存等内容。

本文件适用于玉米花生间作播种机。

2 规范性引用文件

下列文件中的内容通过文中的规范性引用而构成本文件必不可少的条款。其中，注日期的引用文件，仅该日期对应的版本适用于本文件；不注日期的引用文件，其最新版本（包括所有的修改单）适用于本文件。

GB/T 699—2015 优质碳素结构钢

GB/T 2828.1 计数抽样检验程序 第1部分：按接收质量限（AQL）检索的逐批检验抽样计划

GB/T 3098.1—2010 紧固件机械性能 螺栓、螺钉和螺柱

GB/T 3098.2—2015 紧固件机械性能 螺母

GB/T 5669 旋耕机械 刀和刀座

GB/T 6973 单粒（精密）播种机试验方法

GB/T 9439 灰铸铁件

GB/T 9478 谷物条播机 试验方法

GB/T 9480 农林拖拉机和机械、草坪和园艺动力机械 使

用说明书编制规则

GB/T 10395.5—2021 农林机械 安全 第5部分：驱动式耕作机械

GB 10395.9—2014 农林机械 安全 第9部分：播种机械

GB 10396 农林拖拉机和机械、草坪和园艺动力机械 安全标志和危险图形 总则

GB/T 13306 标牌

JB/T 5673 农林拖拉机及机具涂漆 通用技术条件

JB/T 6274.1—2013 谷物播种机 第1部分：技术条件

JB/T 7874—2015 种植机械 术语

JB/T 8574 农机具产品 型号编制规则

JB/T 9832.2—1999 农林拖拉机及机具 漆膜附着性能测定方法 压切法

JB/T 10293—2013 单粒（精密）播种机 技术条件

3 术语和定义

JB/T 7874—2015界定的以及下列术语和定义适用于本文件。

3.1 玉米花生间作播种机 corn-peanut intercropping seeding machine

具有同时播种玉米和花生功能的播种机具。

3.2 播种作业通过性 seeding passing

播种机排除秸秆残茬、杂草等地表植被堵塞，满足播种农艺要求的能力。

3.3 堵塞程度 blockage degree

播种作业时，秸秆堵塞开沟器的状况。

3.4 中度堵塞 moderate blockage

播种机作业时秸秆缠绕开沟器，导致机具出现 0.5～1.5 m 的连续晾籽、断条的现象。

3.5 重度堵塞 heavy blockage

播种机作业时，开沟器被秸秆堵塞，导致地表有 1.5 m 以上拖痕或出现动力不足，无法行走，影响正常播种作业的现象。

3.6 播种深度 depth of seeding

播种后种子上面覆盖的土层厚度。

4 技术要求

4.1 一般要求

4.1.1 玉米花生间作播种机应符合本文件要求，并按经规定程序批准的图样和技术文件制造。

4.1.2 玉米花生间作播种机的花生播种部分具有旋耕、施肥、起垄、开沟、镇压等功能。

4.1.3 玉米花生间作播种机的型号编制应符合 JB/T 8574 的

规定。

4.1.4 所有零部件应检验合格；外协件、外购件应有合格证，并经检验合格后，方可进行装配。玉米花生间作播种机的材料应符合产品图样中国家标准、行业标准的规定，允许代用不低于原设计性能的材料。

4.1.5 玉米花生间作播种机的维修、保养应方便；其结构应能根据农艺要求或作业条件进行相应的调整：各调整机构应操作方便，调节灵活、可靠，调节范围应能达到规定的极限位置。

4.1.6 各紧固件、连接件应连接牢固、可靠。

4.1.7 各传动部件均应转动灵活，无卡阻现象。

4.1.8 装配后，零件的外露加工表面和摩擦表面均应涂防锈油。

4.1.9 装配后主梁不应弯曲，框架不应变形。

4.1.10 铸件应符合 GB/T 9439 的规定，不应有裂纹和其他降低零件强度的缺陷，配合部位不得有砂眼、气孔、缩孔、夹渣等缺陷。整机各润滑点均按使用说明书规定注入适量润滑油、脂。

4.1.11 钣金件、冲压件应光滑平整、无毛刺、无飞边，不得有裂纹。

4.1.12 铆合件应铆合牢固，不允许变形和损伤。

4.1.13 焊接件焊缝应平整均匀、牢固，不得有漏焊、烧穿等影响强度的缺陷。

4.1.14 输种（肥）管在运输或工作状态下，不应有漏种（肥）、卡滞或脱出现象。对于种（肥）箱与播种（施肥）工作部件有相对运动的玉米花生间作播种机，输种（肥）管应符合 JB/T 6274.1—2013 的规定。

4.1.15 玉米花生间作播种机的使用说明书应符合 GB/T 9480 的规定，并说明玉米花生间作播种机的使用条件和技术性能。

4.2 机具性能指标

4.2.1 通过性

播种机按使用说明书规定的作业速度作业，不应发生中度堵塞或重度堵塞。

4.2.2 播种作业质量

在作业条件满足 4.2.1 的条件下，玉米花生间作播种机在土壤含水率 10 %～25 %，玉米种子播量 60 000～80 000 粒 /hm²，花生种子播量 30 000～56 000 粒 /hm²，颗粒状化肥含水率不大于 12 %，小结晶粉末状化肥含水率不大于 2 %，排肥量按 150～300 kg/hm² 的条件下，播种及排肥性能应符合表 1 的规定。

表 1 玉米花生间作播种机性能指标

序号	项目		性能指标
1	播种性能	粒（穴）距合格指数 /%	≥75
2		行内种肥间距合格率 /%	≥90
3		重播指数 /%	≤20
4		漏播指数 /%	≤10
5		播深合格率 /%	≥80
6	播种性能	种子破损率 /%	机械式	≤1.5
			气力式	≤0.5

序号	项目		性能指标
7	排肥性能	各行排肥量一致性变异系数	≤13.0
		总排肥量稳定性变异系数	≤7.5

4.3 主要零部件技术要求

4.3.1 机架焊合后，应进行校正，各梁之间的平行度及框架对角线尺寸之差应符合表 2 规定。

表 2 机架尺寸偏差

梁的长度 /m	平行度及尺寸之差 /mm
≤1.5	≤3.0
1.5～2.5	≤4.5
>2.5	≤6.0

4.3.2 种箱及肥箱的结合处不应漏种、漏肥，排种器、排肥器部件与箱底板局部间隙不大于 1 mm。

4.3.3 排种轴和排肥轴力矩应符合 JB/T 6274.1—2013 中 3.5.5 和 3.5.6 的要求。

4.3.4 滑刀式、锄铲式等开沟器铲尖工作表面应光洁无缺陷，铲尖材料应采用不低于 GB/T 699—2015 规定的 65 Mn 钢制造，表面热处理硬度 40～50 HRC。

4.3.5 双圆盘式开沟器应转动灵活，圆盘聚交点处圆盘刃口的间隙不应超过 2 mm。

4.3.6 旋耕刀、开沟刀刀身和刀柄应热处理，硬度应符合 GB/T

5669 的规定。

4.3.7 零件所用原材料应符合图样中要求的国家标准和行业标准的规定。允许有保持原设计性能的材料代用。

4.4 总装技术要求

4.4.1 所有零部件应经检验合格，外购件、协作件应有合格证，方可进行装配。

4.4.2 机具装配后，零件的外露加工表面和摩擦表面均应涂防锈油。

4.4.3 在同一平面的主被动圆柱齿轮和链轮传动平稳，工作中不掉链。

4.4.4 玉米花生间作播种机深浅调节机构应方便、灵活、可靠。

4.4.5 地轮及支持轮的端面圆跳动和径向圆跳动应符合表 3 的规定。

4.4.6 刀轴、旋耕刀处承受载荷的紧固件的强度等级为：螺栓不低于 GB/T 3098.1—2010 中规定的 8.8 级；螺母不低于 GB/T 3098.2—2015 中规定的 8 级。

表 3 　地轮圆跳动

项目	轮子直径 /mm	
	≤600	>600
端面圆跳动	7	10
径向圆跳动	5	8

4.4.7 玉米花生间作播种机的运输间隙应≥300 mm。

4.5 涂漆与外观质量

4.5.1 涂漆外观

4.5.1.1 整机涂漆前应将表面锈层、油污、黏沙、泥土、焊渣和尘垢等清除干净。

4.5.1.2 整机涂漆应符合 JB/T 5673 中规定，应涂一道底漆、一道面漆，种子箱内壁允许只涂底漆，不涂面漆。开沟器、地轮及划行器圆盘等可不涂底漆，只涂黑色或深色面漆。

4.5.1.3 整机的外观应整洁，不得有锈蚀、碰伤等缺陷。涂漆表面应平整、均匀和光滑，不得有漏底、流痕、起皮和剥落等缺陷。

4.5.2 涂层附着力

附着力不低于 JB/T 9832.2—1999 中的 II 级。

4.6 安全技术要求

4.6.1 整机的安全技术要求应符合 GB 10395.9—2014 的规定，并在机器上安装安全标志，其安全标志应符合 GB 10396 的规定。

4.6.2 外露齿轮、链轮传动装置对操作人员有危险的应有可靠的防护罩，防护罩应便于机器的维护、保养和观察，防护罩的涂漆颜色应区别于播种机的整机涂色。

4.6.3 工作时需要有人在上面操作的播种机，应装有宽度不小于 300 mm 的防滑脚踏板和相应的扶手，脚踏板距地面的高度不大于 300 mm，扶手和脚踏板的长度适合工作人员操作并与机器相适应。

4.6.4 玉米花生间作播种机应在明显位置标明"播种时不可倒退"的标志。

4.6.5 种箱、肥箱盖开启时应有固定装置，作业时不应因振动、颠簸和风吹而自行打开。

4.6.6 玉米花生间作播种机单独停放时，应能保持稳定和安全。

4.6.7 带有人工装载台的播种机，装载台应符合 GB 10395.9—2014 中 4.5.1.3 的规定。

4.6.8 种箱或肥箱中带有搅拌或输送螺旋装置，应按照 GB 10395.9—2014 中 4.4.2 的规定采取措施。

4.6.9 在正常作业和维修时，应避免操作者与驱动式耕作部件接触（如旋耕刀），其防护应符合 GB/T 10395.5—2021 中的 4.3.1.1～4.3.1.5 的规定。

4.6.10 拖拉机与播种机的动力连接处，应安装防护罩。

4.6.11 对于带有旋转和折叠部件的播种机应符合 GB 10395.9—2014 中的 4.3 的规定。

5 试验方法

5.1 主要技术参数测定

试验前对样机主要技术参数进行测定，将样机置于水平混凝土或坚实平坦的地面，调整至水平状态进行测定。

5.2 空运转试验

玉米花生间作播种机应进行空运转试验，空运转地轮的转速应与正常作业相当，运转时间为 5～10 min，操纵提升机构，使开沟器起落 3 次；检查传动、升降连接部位，各部件不得卡阻、变形和松动。

5.3 性能试验

5.3.1 试验样机

5.3.1.1 试验样机应备有必要的配件和工具。

5.3.1.2 测定试验样机主要技术特征，其他功能应附在主机上一起试验。

5.3.1.3 根据作业条件、规定的作业速度和农艺要求，按使用说明书的规定调好玉米花生间作播种机的技术状态。

5.3.2 试验地及环境

5.3.2.1 试验地应选择当地有代表性的田块并符合机具的适用范围。地势应平坦，无障碍物，整地质量应符合播种的农艺要求。

5.3.2.2 试验地测定区长度应不小于 50 m，两端预备区应不小于 10 m，宽度应不小于试验机具工作幅宽的 6 倍。

5.3.3 一般技术要求采用感观的方法和常规量具进行检测。

5.3.4 播种性能试验

5.3.4.1 播种性能的粒距合格数、漏播数和重播数的测定按 GB/T 6973 的规定。

5.3.4.2 测量行数不少于 5 行，每行测量长度不少于规定所播种的 250 个粒距长度。

5.3.4.3 理论合格粒距（穴距）和每穴种子粒数分别按照玉米、花生的农艺要求，播种性能指标按式（1）至式（3）计算。

$$A=\frac{n_1}{N}\times100\% \qquad (1)$$

$$D=\frac{n_2}{N}\times100\% \qquad (2)$$

$$L=\frac{n_0}{N}\times100\% \qquad (3)$$

式中：

A——合格指数，%；

D——重播指数，%；

L——漏播指数，%；

n_1——合格数，$X\in\{0.5, 1.5\}$；

n_2——重播数，$X\in\{0, 0.5\}$；

n_0——漏播数，$X\in\{1.5, 2.5\}$；

N——理论粒距总数。

5.3.5 其他性能测定

5.3.5.1 种子和肥料相对位置的测定，玉米和花生各测 3 行，不足三行时全测，每行测 10 个点，测定时将土壤横断面切开，测出肥料与种子相隔土层厚度以及种子与肥料间的最近距离。

5.3.5.2 种子破损率、排肥性能、播种深度合格率的测定按 GB/T 9478 的规定。

5.3.5.3 播种作业通过性的测定，按照玉米花生间作播种机说明书规定的作业速度进行作业，测区长度不小于 60 m，往返一个行程，观察机具在作业过程中是否能连续正常作业，土壤中秸秆对机具的堵塞程度，是否影响播种质量。

5.3.6 可靠性考核

玉米花生间作播种机的使用可靠性（有效度）、平均首次故障前作业量按 JB/T 10293—2013 附录 A 的规定进行测定。

6 检验规则

6.1 出厂检验

6.1.1 每台玉米花生间作播种机应经制造厂质量检验部门检验合格，并附有产品质量合格证方准出厂。

6.1.2 每台播种机出厂前应进行出厂检验，检验项目分类见表 4。

6.2 型式检验

一般批量生产时，每 3 年进行 1 次型式检验；但有下列情况之一时，应进行型式检验：

——新产品定型鉴定及老产品转厂生产；

——结构、工艺、材料有较大的改变，可能影响产品性能；

——产品长期停产后，恢复生产；

——出厂检验结果与上次型式试验有较大差异；

——国家质量监督机构提出进行型式检验要求。

6.3 抽样方法

6.3.1 抽样方案和可接收质量限（AQL）按 GB/T 2828.1 的规定，也可由供需双方协商确定。

6.3.2 规定样本大小 $n=2$，并分别按技术要求所列项目进行检验。抽样时还应考虑增抽一台备用样机，备用机只在因非机器本身质量问题导致无法正确判断时使用。

6.4 检验项目分类

玉米花生间作播种机在检查和验收中，按其对产品质量的影响程度分为 A 类（重大缺陷）、B 类（严重缺陷）、C 类（一般缺陷）三类。分类检验项目内容见表 4。

表 4 检验项目分类

分类	序号	检验项目	对应条款	出厂检验	型式检验
A	1	安全要求	4.6	√	√
	2	机具可靠性	5.3.6	—	√
B	1	粒距合格指数	表1	—	√
	2	种子破损率	表1	—	√
	3	漏播指数	表1	—	√
	4	重播指数	表1	—	√
	5	种肥间距合格率	表1	—	√
	6	链轮质量	4.1.7	—	√
	7	播种深度合格率	表1	—	√
	8	各行排肥量一致性变异系数	表1	—	√
	9	总排肥量稳定性变异系数	表1	—	√
C	1	旋耕刀、开沟器、圆盘开沟器的材料及热处理硬度	4.3.6	√	√
	2	油漆质量	4.5	√	√

分类	序号	检验项目	对应条款	出厂检验	型式检验
C	3	关键部位紧固件强度	4.1.6	√	√
	4	使用说明书	4.1.15	√	√
	5	铸件质量	4.1.10	√	√
	6	焊接件	4.1.13	√	√
	7	橡胶波纹管	4.1.14	√	√
	8	机架焊接质量与各梁的平行度	4.3.1	√	√
	9	种、肥箱底板结合处不漏种、肥	4.3.2	√	√
	10	开沟器铲尖工作表面质量	4.3.5	√	√
	11	运输间隙	4.4.7	√	√
√为检验项目，—为不检验项目。					

6.5 判定规则

6.5.1 按表 5 进行判定，表中 AQL 为接收质量限、Ac 为接收数、Re 为拒收数。

表 5 判定规则

项目分类		A	B	C
项目数		2	9	11
检查水平		S-1		
样本数 n		2		
合格品	AQL	6.5	40	65
	Ac Re	0 1	2 3	3 4

6.5.2 样品中不合格项目数小于或等于接收数 Ac 时，则判定产品合格，否则判定产品不合格。

6.5.3 购货方检验产品质量时，供需双方可协调确定。

7 标志、包装、运输与贮存

7.1 玉米花生间作播种机应在明显的位置固定产品标牌。标牌应符合 GB/T 13306 的规定，并标明下列内容：

　　——产品型号、名称；

　　——主要技术参数；

　　——产品商标；

　　——制造厂名称、地址；

　　——制造日期；

　　——出厂编号；

　　——执行标准编号。

7.2 有包装箱出厂的播种机，箱面文字和标记应清晰、整齐、耐久。

7.3 玉米花生间作播种机可以总装或部件包装出厂。部件包装出厂应牢固可靠，各部件在不经任何修正的情况下即能进行总装。零件、附件、备件、随机专用工具需用木箱或包装袋包装。

7.4 玉米花生间作播种机出厂，随机技术文件应用防水袋装好，文件包括：

　　——装箱清单；

　　——产品质量合格证；

——产品使用说明书；

——三包服务卡。

7.5 产品应贮存在干燥通风和无腐蚀气体的室内，露天存放时应有防雨，防潮和防碰撞的措施。

T/SAASS 153—2024

10. 花生米取样

技术规程

ICS 67.200.20
CCS B 33

T/SAASS

团 体 标 准

T/SAASS 153—2024

花生米取样技术规程

Technical specification for sampling peanuts

2024-05-14 发布   2024-05-14 实施

山东农学会   发 布

前　　言

本文件按照 GB/T 1.1—2020《标准化工作导则　第 1 部分：标准化文件的结构和起草规则》的规定起草。

请注意本文件的某些内容可能涉及专利，本文件的发布机构不承担识别专利的责任。

本文件由费县中粮油脂工业有限公司提出。

本文件由山东农学会归口。

本文件起草单位：费县中粮油脂工业有限公司、中粮油脂（菏泽）有限公司、山东省农业科学院农作物种质资源研究所、青岛品品好粮油集团有限公司。

本文件主要起草人：张刚、刘配莲、寇相波、董迎章、周梅升、李新国、王英俊、王超、于新、董西余、佟馨、王公辉、杨龙娟、魏英。

花生米取样技术规程

1 范围

本文件规定了花生米取样的一般要求和取样方法。

本文件适用于商品花生米的样品取样。

2 规范性引用文件

本文件没有规范性引用文件。

3 术语和定义

下列术语和定义适用于本文件。

3.1 合同货物 contract goods

一次发运或接收的货物，其数量以指定的合同或货运清单为凭证，可以由一批或多批货物组成。

3.2 批量货物 the goods in bulk

数量确定的品质必须均匀一致（同一品种或种类、成熟度相同、包装一致等）的货物。是属于合同货物中的某一批，可以通过它进行合同货物的质量评价。

3.3 取检货物 the goods for pick up

从批量货物中的一个位置取出的少量货物。多个取检货物应从批量货物中的不同位置取样。

3.4 混合货样 mixed samples

条件允许，从多个批量中取样，混合，获得混合货样。

3.5 缩减样品 sample reduction

混合货样经缩减而获得对该批量货物具有代表性的样品。

3.6 实验室样品 laboratory samples

从缩减样品中获得用于实验室检测的样品。

4 一般要求

4.1 取样应由贸易双方协商一致后进行，或者由监管部门的采样人员进行。

4.2 在取样之前应对被检花生米供应商、供货信息等进行确认，保证接收任务与实际货物的一致性。

4.3 取样工具和容器应洁净、干燥、无异味，取样过程中不得受雨水、灰尘等环境污染。

4.4 对样品的采集，一般要求随机取样。在特殊情况下，如为了查明混入的其他品种或任一类型的混杂，允许进行选择取样。取样之前应明确取样的目的。

4.5 采集的货物样品，应能充分地代表该批量花生米的全部特征。遇运输过程中发生损坏情况，从样品中剔除损坏的部分，损坏和未损坏部分的样品分别采集。

4.6 取样完成后，应及时填写取样单，取样单格式内容可参照附录 A。

4.7　包装好的样品应保证产品不变质并尽快转运至目的地进行检验。

5　取样方法

5.1　检验批次确定

同品种、同等级、同批收购、调运、销售的花生米作为一个检验批次。

5.2　批量货物的取样

批量货物取样，应及时，每批货物应单独取样。如果由于运输过程发生损坏，其损坏部分（袋子、吨包等）应隔离，并从完整部分进行单独取样。如果货物不均匀，除贸易双方另行磋商外，应当把正常部分单独分出来，并从每一批中取样鉴定。

5.3　缩减样品的制备

将样品混合、缩减、制备成缩减样品。

对混合货样或缩减样品，应当就地取样，尽快检验。

5.4　实验室样品的数量

实验室样品的数量应按照合同要求，或按检验项目所需样品量的三倍取样。其中一份作检验，一份作复验，一份作备查。花生米最低取样量 1 kg。

5.5 取样

5.5.1 单位代表数量

取样时以同种类、同批次、同等级、同货位、同车船（舱）为一个检验单位。一个检验单位的代表数量：一般不超过 200 t。

5.5.2 取样工具

货车散装 / 袋装取样可使用自动取样机，仓房取样可使用手动扦样器。

5.5.3 货车散装 / 袋装取样

使用自动取样机，根据运输车辆型号，载重≤15 t，将载货区域前后平均分配为 2 个区域，每个区域随机取样 3 点（取样 6 点应具有代表性，取样点位置包含四角中任意两角、中间位置），两区不能存在共点；载重≥15 t，将载货区域前后平均分配 4 个区域，每个区域随机抽取 2 个点（取样 8 点应具有代表性，取样点位置包含四角中任意两角、中间位置），各区不能存在共点。取样分布点应合理且随机，保证取样的代表性，同时避免供应商恶意作弊问题。

以每车花生米为一个取样批次，每次取样数量不少于 4 kg，将样品进行不少于 4 次分样，一份样品留样，一份样品送样进行检测。

5.5.4 平方仓仓房袋装取样

5.5.4.1 分区设点：每区面积不超过 50 m^2，各区设中心、四角五个点。区数在两个和两个以上的，两区界线上的两个点为共有点（两个区共八个点，三个区共十一个点，以此类推）。粮堆边缘的点设在距边缘约 50 cm 处。

5.5.4.2　分层：堆高在 2 m 以下的，分上、下两层，堆高在 2～3 m 的，分上、中、下三层，上层在粮面下 10～20 cm 处，中层在粮堆中间，下层在距底部 20 cm 处，如遇堆高在 3～5 m 时，应分四层，堆高在 5 m 以上的酌情增加层数。

5.5.4.3　扦样：按区按点，先上后下逐层扦样。各点扦样数量一致。

5.5.5　应根据供应商监控结果及现场取样情况（如发现霉变异常现象，增加黄曲霉毒素专项抽样要求），进行加严、放宽处理。

5.6　分样方法

5.6.1　四分法

　　将样品倒在光滑平坦的桌面上或玻璃板上，用两块分样板将样品摊成正方形，然后从样品左右两边铲起样品约 10 cm 高，对准中心同时倒落，再换一个方向同样操作（中心点不动）如此反复混合四五次，将样品摊成等厚的正方形，用分样板在样品上画两条对角线，分成 4 个三角形，取出其中两个对顶三角形的样品，剩下的样品再按上述方法反复分取，直至最后剩下的两个对顶三角形的样品接近所需试样重量为止。

5.6.2　分样器法

　　分样器由漏斗、分样格和接样斗等部件组成，样品通过分样格被分为两部分。

　　分样时，将清洁的分样器放稳，关闭漏斗开关，放好接样斗，将样品从高于漏斗口约 5 cm 处导入漏斗内，刮平样品，打开漏斗开关，待样品流尽后，轻拍分样器外壳，关闭漏斗开关，再将两个接样斗内的样品同时倒入漏斗内，继续照上法重复混合两次。以后每次用一个接样斗内的样品按上述方法继续分样，直至一个接样斗内的样品接近需要试样重量为止。

附 录 A

（资料性）

取样单

具有编号的取样单，应附在样品包装容器内或随同样品一起转运。取样单应包括（不限于）以下内容。

——产品名称、种类、品种、质量分级；

——货物收货人；

——收货地址、单位；

——发货地址、单位、托运人姓名、托运日期；

——货物贮存地点，持续贮存时间、条件、运输方式（车辆种类、号码）；

——要求取样日期、时间；

——取样日期、时间；

——取样时的气候条件（如温度等）；

——货物件数、包装种类、包装大小；

——能够辨认该批货物的样品标记（包装种类、标记正文等）；

——取样目的；

——运输和贮存的条件（清洁、有无异味、运输方式、物理条件、防雨性能）；

——货物清洁程度、外观均匀性、是否受潮、残损；

——包装质量；

——货物品温；

——冬季包装条件和质量；

——批量货物包装用品的皮重；

——样品待检验部分的名称或别名；

——实验室样品编号；

——取样人姓名、单位；

——采用的本文件之外的取样技术。

T/SAASS 154—2024

11. 复合微生物土壤调理剂制备及检验检测方法

ICS 65.020.01
CCS B 40

T/SAASS

团　体　标　准

T/SAASS 154—2024

复合微生物土壤调理剂
制备及检验检测方法

Preparation and testing methods for composite microbial soil conditioners

2024-05-14 发布　　　　2024-05-14 实施

山东农学会　　发　布

前　言

本文件按照 GB/T 1.1—2020《标准化工作导则　第 1 部分：标准化文件的结构和起草规则》的规定起草。

请注意本文件的某些内容可能涉及专利。本文件的发布机构不承担识别专利的责任。

本文件由山东百沃生物科技有限公司提出。

本文件由山东农学会归口。

本文件起草单位：山东百沃生物科技有限公司、山东省农业科学院农作物种质资源研究所、费县农业技术推广中心、临沂市农业科学院。

本文件主要起草人：李全法、姚静、沈洪伟、王伟、王立军、李广群、鞠瑞成、孙建军、张正、李新国、卜晓婧、倪倩、韩传晓。

花生产业链高质化发展模式探索

复合微生物土壤调理剂制备及
检验检测方法

1 范围

本文件规定微生物土壤调理剂的制备要求、检验方法和施用方法。

本文件适用于微生物土壤调理剂的生产、质量检验、田间应用。

2 规范性引用文件

下列文件中的内容通过文中的规范性引用而构成本文件必不可少的条款。其中，注日期的引用文件，仅该日期对应的版本适用于本文件；不注日期的引用文件，其最新版本（包括所有的修改单）适用于本文件。

GB/T 19524.1 肥料中粪大肠菌群的测定

NY 525 有机肥料

NY/T 1971 水溶肥料腐植酸含量的测定

NY/T 1978 肥料汞、砷、镉、铅、铬、镍含量的测定

NY/T 2321 微生物肥料产品检验规程

国家质量监督检验检疫总局令〔2005〕第 75 号《定量包装商品计量监督管理办法》

3 术语和定义

本文件没有需要界定的术语和定义。

4 产品指标要求

4.1 调理剂组分

原料配比：黑曲霉 10%、固氮菌 6%、芽孢杆菌 11%、黄腐酸 10%、海藻酸 10%、有机肥 53%。

4.2 生产制备工艺

4.2.1 将黑曲霉菌剂、固氮菌菌剂、芽孢杆菌菌剂混配并搅拌均匀，黑曲霉菌剂、固氮菌菌剂有效活菌数均需≥1×10^9 个 /g，芽孢杆菌菌剂有效活菌数均需≥1×10^{10} 个 /g。

4.2.2 将黄腐酸、海藻酸、有机肥混配后搅拌均匀，然后高温灭菌。

4.2.3 将 4.2.1、4.2.2 制成的混合物混配在一起，并搅拌均匀，然后在 26～30 ℃、有氧、常压条件下发酵 24～48 h。

4.2.4 将 4.2.3 得到的产品再喷雾干燥到水分在 18%～30% 即得到最终产品。最终产品为有效活菌数≥5×10^8/g，pH 值 7.1～7.3 的粉剂。

4.3 感官要求

在室温和非阳光直射的条件下，目测观察产品外观，鼻嗅鉴别产品气味，产品应松散，无恶臭味。

4.4 技术指标

表 1 技术指标要求

指标名称		指标值
有机质质量分数 /%	≥	30
氮质量分数（以 N 计）/%	≥	8
磷质量分数（以 P_2O_5 计）/%	≥	8
钾质量分数（以 K_2O 计）/%	≥	8
有效活菌数 /（亿 cfu/g）	≥	5
pH 值		7.1～7.3
有效期 / 月	≥	12

4.5 无害化指标

应符合表 2 指标要求。

表 2 无害化指标要求

指标名称		指标值
水不溶物的质量分数 /%	≤	0.1
汞（Hg）（以烘干基计）/（mg/kg）	≤	2
砷（As）（以烘干基计）/（mg/kg）	≤	15
镉（Cd）（以烘干基计）/（mg/kg）	≤	3
铅（Pb）（以烘干基计）/（mg/kg）	≤	50
铬（Cr）（以烘干基计）/（mg/kg）	≤	150
粪大肠菌群数 /（个 /g）		≤100
蛔虫卵死亡率 /%		≥95

256

4.6 净含量要求

应符合《定量包装商品计量监督管理办法》的规定。

5 检验方法

5.1 有机质的测定

按照 NY 525 的规定执行。

5.2 总氮（N）的测定

按照 NY 525 的规定执行。

5.3 磷（P_2O_5）含量的测定

按照 NY 525 的规定执行。

5.4 钾（K_2O）含量的测定

按照 NY 525 的规定执行。

5.5 水不溶物含量的测定

按照 NY/T 1971 的规定执行。

5.6 有效活菌数、pH 值的测定

按照 NY/T 2321 的规定执行。

5.7 汞（Hg）、砷（As）、镉（Cd）、铅（Pb）、铬（Cr）含量的测定

按照 NY/T 1978 的规定执行。

5.8 粪大肠菌群数的测定

按照 GB/T 19524.1 的规定执行。

6 施用方法

按产品说明书使用。